智慧人生丛书

ZHIHUI RENSHENG CONGSHU

XIAOGUSHI ZHONGDE RENSHENG ZHIHUI

小故事中的人生智慧

本书编写组◎编

人之所以烦恼横生，对人生困惑茫然，很多时候并不是因为没有健康，而是因为没有智慧，没有了悟茫茫人生的真相。所以有人说：诚信是第一财富，智慧是第一生命。本书编排智者名言，以感悟的方式发掘浅显故事中蕴涵的有关哲理，来帮助读者朋友修心养性，提升智慧，做一个生活中的智者，拥有快乐的人生。

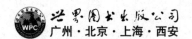

世界图书出版公司
广州·北京·上海·西安

图书在版编目（CIP）数据

小故事中的人生智慧/《小故事中的人生智慧》编写
组组编.—广州：广东世界图书出版公司，2009.11 (2024.2 重印)
ISBN 978 - 7 - 5100 - 1213 - 6

Ⅰ. 小… Ⅱ. 小… Ⅲ. 人生哲学 - 青少年读物 Ⅳ.
B821 - 49

中国版本图书馆 CIP 数据核字（2009）第 204895 号

书　　名	小故事中的人生智慧
	XIAO GU SHI ZHONG DE REN SHENG ZHI HUI
编　　者	《小故事中的人生智慧》编写组
责任编辑	张梦婕
装帧设计	三棵树设计工作组
出版发行	世界图书出版有限公司　世界图书出版广东有限公司
地　　址	广州市海珠区新港西路大江冲 25 号
邮　　编	510300
电　　话	020-84452179
网　　址	http://www.gdst.com.cn
邮　　箱	wpc_gdst@163.com
经　　销	新华书店
印　　刷	唐山富达印务有限公司
开　　本	787mm×1092mm　1/16
印　　张	10.25
字　　数	160 千字
版　　次	2009 年 11 月第 1 版　2024 年 2 月第 9 次印刷
国际书号	ISBN　978-7-5100-1213-6
定　　价	49.80 元

版权所有　翻印必究

（如有印装错误，请与出版社联系）

承袭故事与寓言中的
智慧衣钵

许多年以前，美国重量级拳王吉姆在例行训练途中看见一个渔夫正将鱼一条条地往上拉，但吉姆注意到，那渔夫总是将大鱼放回去，只留下小鱼。吉姆就好奇地问那个渔夫其中的原因。渔夫答道："老天，我真不愿意这样做，但我实在别无选择，因为我只有一口小锅。"

亲爱的读者，你有没有想到，这个故事也许是在讲你呢！如果你不相信自己，就只能画地自限，将无限的潜能化为有限的成就。不管你是否留意过，小故事、小寓言总是这样让我们有所感悟，并悄悄地改变我们的态度和想法，改变我们的行为，甚至改变我们的人生。充满智慧的故事与寓言永远是我们人生的引领者。

古人懂得将智慧的灵光埋藏在故事里，他们用简短而动人的故事和寓言抓住人心，让人们自己去发掘其中的金矿，领悟人生的智慧。这种形式流传千年，今天，我们仍可以从《伊索寓言》中看见智慧的闪光，拉封丹智慧的声音也依然萦绕耳边。在这些不断被发现、创新的宝藏中，我们的精神得到了滋养，我们的心灵得到了净化。哲学家、思想家及诗人长久以来都视智慧为人类生存的工具，智慧的含义不但包括了我们今日所说的审慎，而且还意味着对自我与世界成熟、理智的认知能力。

通过阅读一篇隽永的故事或寓言，能够使读者有所感悟，锻炼一种生存能力，是我们编辑本书的主旨。本书中的每一则小故事都发人自省、启人深思。不但有助于我们处理日常生活中偶发的困难情况，而且许多故事和寓言具有的伟大的智慧理念，将帮助我们进一步了解自我及人类的本质，由此领悟更多的人生哲理。许多故事已经过数百年的世代传承，历经时间的锤炼也沉淀了时代的智慧。在每一则故事或寓言中，我们附以精彩的格言，这些都是最贴切的提示，有画龙点睛之妙。本书部分的解读至情至理、丝丝入扣，是对故事或寓言的完美诠释。

本书不但可以作为父母教育孩子的蓝本，使孩子在开始他们的人生之前，就能够了解随之而来的欢喜、挑战与责任，而且更适合每一个成年人阅读，成年人可以在重复阅读这些故事时提醒自己并纠正自身行为的偏差。我们真诚地希望这套书能给大家带去欢乐与启迪，希望这些美妙的故事能帮助每一个阅读本书的人了解智慧对生命的价值，获取前行的动力并因此感到满足。

让我们走进书中的世界，去寻找智慧的金块吧！我们始终铭记着：用智慧武装的人生，才是胜利者的人生！

编　者

目 录

篓子深，篓子沉

大自然只做自然该做的事，你应尽你应尽的本分。

——弥尔顿

一个人觉得生活很沉重，便去见哲人，寻求解脱之法。

哲人给他一个篓子背在肩上，指着一条沙砾路说："你每走一步就捡一块石头放进去，看看有什么感觉。"那人照哲人说的去做了，哲人便到路的另一头等他。

过了一会儿，那人走到了头，哲人问他有什么感觉。那人说："觉得越来越沉重。"哲人说："这也就是你为什么感觉生活越来越沉重的道理。当我们来到这个世界上时，每个人都背着一个空篓子，然而我们每走一步都要从这世界上捡一样东西放进去，所以才有了越走越累的感觉。"

那人问哲人："有什么办法可以减轻这沉重吗？"

哲人反问他："那么你愿意把工作、爱情、家庭、友谊哪一样拿出来呢？"

那人不语。

哲人说："我们每个人的篓子里装的不仅仅是精心从这个世界上寻找来的东西，还有责任。当你感到沉重时，也许

小故事中的人生智慧

你应该庆幸自己不是总统，因为他的篓子比你的大多了，也沉多了。"

滴水
藏海

责任是一条无形的鞭子。少年时，也许我们在父母保护下，不曾觉察到它的存在；但当我们有了自立的能力，踏入社会，责任就一圈又一圈地裹缠在我们身上，人生的责任是逃也逃不开的。

外界事物的变化，别人的所思所行，都不是我们的责任。我们只为自己的反应负责，这就是我们的态度。我们只替自己负责。

我们主宰自己的生命，控制自己的态度。

只要我们相信可以达到目标，这种态度就能使我们产生力量，而最终达到目标。

在人生的路程上，我们的责任只有日益加重，而不会越来越轻！一个责任感越高的人，他的成就也越大。

有责任的人生是美好的，每一分每一秒，我们都可以在无声的工作中，感受到生活的甜蜜和踏实！

美酒谁饮?

长命也许不够好，美好的生命却够长。

——富兰克林

从前有个富翁，他对自己窖藏的葡萄酒非常自豪。窖里保留着一坛只有他知道的、某种场合才能喝的陈酒。

州府的总督登门拜访。富翁提醒自己："这坛酒不能仅仅为一个总督启封。"

地区主教来看他，他自忖道："不，不能开启那坛酒。他不懂这种酒的价值，酒香也飘不进他的鼻孔。"

王子来访，和他同进晚餐，但他想："区区一个王子喝这种酒过分奢侈了。"

甚至在他亲侄子结婚那天，他还对自己说："不行，接待这种客人，不能抬出这坛酒。"

许多年后，富翁死了，像每粒橡树的籽实一样被埋进了地里。

下葬那天，陈酒坛和其他酒坛一起被搬了出来，左邻右舍的农民把酒统统喝光了。谁也不知道这坛陈年老酒的久远历史。

对他们来说，所有倒进酒杯里的仅是酒而已。

小故事中的人生智慧

滴水
藏海

如果你不懂得享受生活，那么你就等于没有生活。

绝大多数人都同时活在过去、现在以及未来这个时空交错的空间里，以至于无法澄清自己到底该扮演什么角色。可是我们不能这么做。昨天早已过去，明天也只不过是一种期许而已，此刻我们所拥有的只有今天，或者说得更具体一点，我们只拥有此刻而已。

我们必须学着一次只过一天 (甚至是只过片刻)，因为只有今天才是我们真正拥有的，其他的都是过去的或不肯定的。

战鼓声中的波梨耶

青年时种下什么，老年时就收获什么。

——易卜生

大象波梨耶，年轻时是象群中最强壮的大象，吨位有两只大象那么重，走过大地，大地都为之震动。

但波梨耶年老的时候，也比一般的大象沉重而衰老。有一天，它到池塘边喝水，陷入泥潭中，无法脱困。

象园的主人用尽各种方法，也无法救出波梨耶，因为它太重了，没有任何的机具或大象可以拉得动它。

　　由于波梨耶来自皇宫，是前国王乘坐的大象，园主只好把这件事禀告国王。

　　国王听了非常烦忧，因为波梨耶是老国王最珍爱的坐骑，父王虽已去世，波梨耶却不应该陷死在泥潭里。

　　苦思了一夜，国王想到："波梨耶原是一只英勇的战象，是由世袭的驯象师家族所训练的，虽然老驯象师死了，战争也结束了，年轻的驯象师应该还知道鼓舞战象的方法吧！"

　　于是，国王找来老驯象师的儿子，告诉他波梨耶的处境，命他想想办法。

　　年轻的驯象师说："那就姑且试试吧！"

　　国王和驯象师带着敲战鼓的人，一行人抵达波梨耶陷身的地方，命人击奏战鼓，波梨耶一听见战鼓频催，仿佛又回到年轻时代的战场，精神大振，一鼓作气，一跃而起，脱离了困境。

滴水
藏海

　　那战鼓声对老象波梨耶意味着什么？

　　青春。

　　青春意味着勇敢战胜怯懦，青春意味着进取战胜安逸。年月的轮回就一定导致衰老吗？要知道，老态龙钟是因为放弃了对理想的追求。

小故事中的人生智慧

无情的岁月流逝，给人留下了深深的皱纹，而热忱的丧失，会在灵魂深处打下烙印。焦虑、恐惧、自卑，终会使心情沮丧，意志消亡。

就自然规律来说，尽管一个人生理上的青春如行云流水般稍纵即逝，人们无法挽留，但通过拼搏、奋斗、奉献，心理上的青春却可以伴随人积极向上的情绪而延长、持久，形成美的力度，从而在心理上树起永恒的青春丰碑。从这个意义上说，谁拥有青春，他就不能说自己一无所有！谁拥有青春，他就永远不会老！

隐形人的脚印

> 天知、地知、你知、我知。
>
> ——《后汉书》

有一位青年，在森林里修行，无意间学会了隐身术。

他发现把72种草药磨成粉末，放入水中，然后人在水里浸泡一个小时，就可以隐身一天一夜，不会被发现。

自从学会隐身术，这位青年就开始不安了，因为独自住在森林，会隐身术又有什么用呢？

"我应该利用这个隐身术，做一些好玩儿的事，反正别

人不会知道,又有什么关系呢?"他心里这样想着。

青年萌生了一个荒唐的念头,他觉得人最高的享乐就是做一个国王,于是他决定:"让现在的国王做白天的国王,我来做夜里的国王吧!"

青年有恃无恐地潜入王宫,每天晚上吃吃喝喝,恣意寻乐,甚至任意欺凌嫔妃。

王宫里的东西经常莫名其妙地丢失,后宫的嫔妃常被侵犯,但是因为找不到任何证据,大家都以为是鬼怪作祟,不敢声张。

这样过了100天,许多后宫的嫔妃都怀孕了,她们知道无法再隐瞒,便含羞忍辱地将宫中闹鬼的事禀告国王。

国王大为震惊,也以为真有什么鬼怪,否则王宫戒备森严,怎么会发生这么奇怪的事?

国王立即召集大臣,紧急商讨对策。一位有智慧的大臣禀告国王说:

"大王!像这种事情只有两种可能,一种是真的鬼怪作祟,一种是人假借妖术为非作歹。微臣建议,从今晚起,在宫中各门前撒上细土,就可断定是鬼怪还是人。如果是鬼怪,细土自然不会留有痕迹;如果是人,凡走过必留下痕迹,细土上就会有脚印。鬼怪可以用法术镇服,人便可以让侍卫杀了。"

国王听从了大臣的建议,命人将细土撒在宫中各门前,并吩咐如果有人看见留下脚印,就立刻禀报。

会隐身术的青年，不知道事情败露，到了晚上，依然大摇大摆地走进王宫，细土上立刻留下了他的脚印，卫士马上禀报国王，国王立即调兵堵住了一切门户，命卫士挥刀乱砍，将皇宫上上下下都砍遍了。

隐形的青年就这样死在乱刀之下了。

滴水
藏海

为人，你所迈出的每一步都会在世间留下印迹。一个人来到世间几十年，安身立命，做人、做事，都应力求做到：仰不愧天，俯不愧人，内不愧心。

"天知、地知、你知、我知"合称四知。"地"指的是神，但感觉上，天和神似为一体，因此便将神改为地，以兹区别。

当你悄悄地说"这是只有你我二人知道的秘密"时，其实已有你、我、天、地四者知道了，因此秘密迟早会被揭发的。

秘密迟早会泄露，因此秘密就不是秘密。换言之，秘密这两个字是从未存在过的。

如果能干出一番轰轰烈烈的大事业当然很好。如果不能，起码要做到：生活处世，不求飞黄腾达，但求问心无愧。

落在荷叶上的露珠

人生是伟大的宝藏，我晓得从这个宝藏里选取最珍贵的珠宝。

——显克微支

小荷叶从根里长出来，张开叶片，就看到自己的胸前有一粒晶莹的露珠。

小荷叶就问："你是谁呢?怎么会来到我的胸前?"

露珠说："我叫露珠，是夜里水汽的凝结，偶然留在你的身上，我马上就要走了。"

"你为什么要走呢?"

"喔! 我也不想走，但是过一会儿太阳出来，我就会化成水汽，飞到天上去了。"

正当小露珠说话时，阳光来到了荷花池，一眨眼就把小露珠化为水汽，飞走了。

荷叶感到孤单，四处寻找小露珠的踪影，不论它多么努力，再也看不到小露珠。

第二天清晨，小荷叶张开眼睛，看见了小露珠，开心地

大叫起来："嘿，小露珠，你又来了，我很想念你呢！"

小露珠诧异地说："不会吧！我又不认识你，我是今天才从昨夜的水汽生出来的，偶然留在你的身上，你别认错了。"

小露珠滚动着身体，阳光照在它的身上，映出一些美丽的彩虹，一转眼就消失了。

小荷叶感到非常迷惑，因为眼前的露珠和昨天的露珠，长得一模一样，名字也一样，映出的彩虹一样，连化去的时间都一样，为什么小露珠不肯承认它是昨天的露珠呢？

日子一天天过去，小荷叶变成大荷叶，每天清晨，总有一粒晶莹剔透、一模一样的露珠来拜访，奇怪的是，没有一粒露珠承认自己是昨天的露珠，更别说承认自己是"最初的露珠"了。

荷叶长大了、变老了，它一直知道自己是当初的那片荷叶，也记得第一次看见露珠的情景，它既伤心又迷惑："为什么我总是原来的我，露珠却永远不是昨天的露珠呢？"

有一天，荷叶终于枯萎了，怀着巨大的伤心和迷惑，沉入荷花池底。

滴水
藏海

荷叶上的露珠每天都是不同的，太阳每天都是新的，所以，每天早上起来，对镜梳洗时，请告诉自己：今天又是一

个新的挑战。

那些日子过得平淡又乏味的人，都是把每天的生活看得太容易！

虽然太阳下新鲜的事物并不多见，但你若能抱着挑战的心理去面对每一件事物，你将很快地发现：原来我懂得的竟是如此之少！

每天都是新的挑战，因为你所要战胜的不仅是你面对的人和事，最要紧的是如何战胜自己，使自己时时处于进步之中！

蝉的鸣唱

> 内容充实的生命就是长久的生命。我们要以行为而不是时间来衡量生命。
>
> ——小塞涅卡

一个炎热的上午 8 时正，蝉发表了他的第一篇作品。他讲到世事：炎热。同一天 11 时，它还在鸣叫，并没有改变他的调子，而是扩大了他的主旋律。他讲到清晨：爱情。在酷热的午后时分，当爱情与炎热带来的伤感动摇了他时，他心灵的交响乐进入了伟大的乐章，于是他说：死亡。但是这事还没有结束。晚餐以后，他把炎热、爱情、死亡编织成最后一节，比其他各节更为精妙，而且没有那么嘈杂。他还掌握着最后一个英雄般的单音节词，生命。他回忆着说：生命。

滴水
藏海

　　百年可以短如一日，一日也可长于百年，关键要看你这一日或一百年是如何度过的。

　　尽管每天生活得愉快是世人所愿，但现实生活的忙碌却令人难以从容不迫地过活。然而大多数人依然祈祷能过快乐的日子。

　　因此，勿将自己的命运形于表面，勿因命运的不公而自暴自弃。命运虽是与生俱来的，但物质与精神，以及如何走完前面的路途，却掌握于你自己的手中。

　　切勿自认命运差便生活得无精打采。应深信：勤奋地工作是可以扭转命运的。为了扭转命运，首先要爱你的命运。莫以被动的姿势接纳命运，该以主动而积极的态度去爱自己的命运。正视自己的生活，找出生活中的缺点并加以修正和改进，奋发向上。如此经过一段时日，命运自然会开始为你铺设愉快而明晰的生之旅途。

　　坚持自己的信念，深信命运可凭一己之力改造：要生活得有意义，爱自己的命运就是第一步。

活 着

任何生物都渴望着生命，那就是都渴望自己的存在。
——冯雪峰

一棵杨桃树看见一只鸟飞过去，就高声把鸟叫住。

"鸟哥哥，我的杨桃已经熟透了，要不要来吃一点呀！"

鸟笑着说："不了，不了，我还是飞到更远的山上找别的东西吃。"

树央求说："山上的东西哪里有我的杨桃好吃呢？我可不是山上那种酸不拉叽的杨桃，我是主人悉心栽培的杨桃。你看！我的外表是如此完美，内心充满了汁液，再也没有比我更可口的杨桃了。"

鸟说："我可没有像人类那么笨！我还要保命呢！你看看你下面那些草，还有落在地上的毛虫，我可不想和它们有一样的下场。"

原来，树下面的杂草，都因为除草剂而萎黄了，地上则散落着被农药杀死的毛虫尸体。

树笑着说："哎呀！你不用担心这个，我听主人说，除草剂只用来杀草，对树是无害的；农药也只用来杀虫，杀不了你的。"

鸟说："什么动物的话我都愿意相信，只有人类的话我不相信。我确信，凡是有毒的东西，不管是对草、对虫、对人、对鸟，甚至对土地都是有害的，你的果实里充满了毒素，还是留给人自己去享用吧！我们鸟比人还要珍惜生命呀！我连停在你的树干上休息都感到害怕哩！"

说完，鸟就飞走了。

一整个夏天，杨桃树都在果园里呼唤鸟来吃它的果实，经过了主人几次采收，说也奇怪，竟然从来没有一只鸟愿意下来吃杨桃，甚至不敢停在树干上休息。

杨桃树终于悟出一个道理：

"鸟真的比人还珍惜生命，在爱惜生命这一点上，鸟比人还有智慧。"

滴水
藏海

对于人来说，没有什么比生命更重要的。

人当然不能苟且地活着，不能丧失尊严、毫无廉耻地活着，不能在牺牲和伤害他人的基础上活着，但是，那种要么苟活、要么赴死的境况应当说是越来越罕见了，并且，这也不同珍惜生命的真理有所冲突，它甚至就包含在这一真理之中。

总之，我们要记住，生命是最宝贵的。你的生命、我的

生命、他的生命，我们每一个人的生命都很宝贵。我们必须好好地珍惜生命。

生命只有一次，可许多人连这一次也未能很好地把握。在生命的里程中，请谨记：

珍惜时间，你会拥有更多的时间；

珍惜爱情，你会拥有更多的爱情；

珍惜金钱，你会拥有更多的金钱；

珍惜万物，你的生命将丰盈而多姿。

珍惜此刻所拥有的，珍惜生命中的每一个细节，就是珍惜生命的最好佐证。

4 岁的老人

生命如同故事：重要的不是它有多长，而是它有多好。

——塞内加

有一次，瑙谢尔汗国王有事外出，路上碰到一个老人。

国王问："你有多大岁数？"

老人回答："大王万岁，我只有4岁。"

国王听了十分惊讶，说："你这个老头儿，年纪这么大了还说谎，看样子，你不可能小于80岁。"

老人回答："大王，你估计得完全没错，不过80年里，我白白浪费了76年的光阴。在76年的时间里，我只知道养儿育女吃喝玩乐，除此之外，我什么好事也没做过，从来没有帮助过一个穷人。最近4年来，我才明白一个人生来不能光为自己，还要为别人服务。我现在正在努力为别人做好事，所以我说我的年龄只有4岁，以前的时间都白活了。"

滴水
藏海

生为人子，是一件很幸运的事情。

在芸芸众生中，你能做一个有思想、有意志的人，是多么值得庆幸的事!

当我们活着的时候，我们享受人间的温情，如友爱、情爱、子女之爱，只要我们不虚度，当我们死后，还有很多人来祭拜、怀念，人所能享受的福分，比起花草的自生自灭，不知要强过多少!

"只要再活一次，我愿付出任何代价!"这不是千古以来帝王和富豪所极力追求的吗?

想一想，怎样过一生才更有意义?你应该有能力主宰你的生命。

重负下的砍柴人

> 踏上人生的旅程吧。前途很远，也很暗，然而不要怕。不怕的人面前才有路。
>
> ——有岛武郎

一个疲惫的砍柴人，背负着一大捆柴。他不堪岁月和柴木的重负，呻吟着挪动那沉重的脚步，弯着腰朝山下低矮的小屋走去。他终于走不动了，痛苦之中放下柴木，想起了自己走过的坎坷人生：

从降生到这个世界他就不曾有过幸福，恐怕世界上找不到比他更痛苦的人了。经常是吃了上顿愁下顿，整日为糊口奔忙。老婆孩子、茅屋陋室、苛捐杂税，简直是没完没了的痛苦……闭上眼，一幅幅惨不忍睹的场景就会在脑海中浮现。砍柴人跪下来呼救死神，死神马上赶来了，问砍柴人需要得到什么帮助。

"请您帮我抬起这捆柴，放到我背上，我想不会占用您多少时间。"砍柴人用足气力说。死亡本可使他一了百了，但砍柴人宁可受罪也不愿去死，这难道不能给遭受痛苦和挫折的人一点启示吗？

滴水
藏海

　　一个求生欲强烈的人，在任何艰难险恶的环境中，都能甘之若饴。

　　有些人动辄怨天尤人，以为上天不公，不给他出头的机会，其实如果他肯反思，应当明白自己的不如人是由于努力不够，焉能怪人？

　　人活在天地之间，受着七情六欲的牵制，这是自然的，但如果想活得更有意义，就应该尽一己之力，对人类有所贡献才是！

　　人人都有求生的欲望，也都有光宗耀祖、赢得一世英名的虚荣心。如何善用这两种动力，造福人间、满足自己，这是颇值得深思的问题。

命运女神

　　命运，不过是失败者无聊的自慰，不过是怯懦者的解嘲，人们的前途只能靠自己的意志、自己的努力来决定。

——茅盾

18

　　一个正在读书的孩子，躺在一口深井的井沿边上睡着了。小学生困了的时候，什么地方都能当床，在什么地方都能熟睡。但现在他睡在井沿边上，有常识的人见了都吓得手足无措。庆幸的是命运女神这时恰巧路过此地，她轻声叫醒学生，然后说："乖孩子，我救了你，你今后可要注意些啊。你要是掉到井里，人们将会责怪我，但这却是你自己不小心。今天我想请你回答，假如粗心大意造成麻烦，你会怪罪于我吗？"说完她悄然离去了。

滴水
藏海

　　人们习惯于把发生的大小事情都归罪于命运女神，人们因愚蠢、糊涂，办事不如意，都用命运不好的理由替自己开脱，让命运承担后果，总之，完全责怪命运女神，而从不去想自己的失误。

　　如何看待命运？有的人认为：命运女神像桀骜不驯的烈马，谁也驾驭不了。她高兴时会把幸福、富裕、鲜花撒向人间，震怒时却将人间一切美好的东西化为乌有。有的人诅咒命运，怨天尤人，抱怨命运女神不公，埋怨机遇不降临自己的门扉，感叹命运不断策划着对人的捉弄，不幸随时会敲开每个人的大门。有的人甚至俯首帖耳地拜倒在命运女神的脚下，心甘情愿地充当她的奴隶。

小故事中的人生智慧

其实，命运并非机遇，而是一种选择。在坎坷的人生旅途中，人们不该听凭命运的摆布，而应该靠自己的努力创造命运。不要咒骂不幸，不幸耳聋；不要埋怨命运，命运眼花。诅咒命运的人不懂得，每个人的人生之路是由自己走的，每个人的历史之页是由自己书写的。诅咒命运，其实就是诅咒自己。在命运女神面前，不论你是站着还是跪着，命运都不会有一丝一毫的改变，以为跪着就矮了一截，命运的风暴就会刮不到，这只能是一种天真和愚昧。

命运靠自己主宰，生活靠自己驾驭，事业靠自己奋斗，理想靠自己实现。命运的建筑师就是你自己！

是百合，就要开花

认清自己。

——塔里斯

在一个人迹罕至的山谷上，有一个高达数千尺的断崖，不知道什么时候，断崖边上长出了一株小小的百合。

百合刚刚诞生的时候，长得和杂草一模一样，但是，它心里知道自己并不是一株野草。

它的内心深处，有一个纯洁的念头："我是一株百合，

不是一株野草，唯一能证明我是百合的方法，就是开出美丽的花朵。"

有了这个念头，百合花努力吸收水分和阳光，深深地扎根，直直地挺着胸膛。

终于在一个春天的清晨，百合的顶部结出了第一个花苞。

百合的心里很高兴，附近的杂草却很吃惊，它们在私底下嘲笑着百合："这家伙明明是一株草，偏偏说自己是一株花，还真以为自己是一株花，我看它顶上结的不是花苞，而是头上长瘤了。"

在公开场合，它们则讥讽百合："你不要做梦了，即使你真的会开花，在这荒郊野外，你的价值还不是跟我们一样。"

偶尔也会有飞过的蜂蝶鸟雀，他们也会劝百合不用那么努力地开花："在这断崖边上，纵然开出世界上最美的花，也不会有人欣赏呀!"

百合说："我要开花，是因为我知道自己有美丽的花；我要开花，是为了完成作为一株花的庄严使命；我要开花，是由于自己喜欢以花来证明自己的存在。不管有没有人欣赏，不管你们怎么看我，我都要开花!"

在野草和蜂蝶鄙夷的目光下，野百合努力地释放出内心的能量。有一天，它终于开花了，它那灵醒的白和秀挺的风姿，成为断崖上最美丽的风景。

这时候，野草与蜂蝶再也不敢嘲笑它了。

百合花一朵一朵地盛开，每天花朵上都有晶莹的水珠，野草们以为那是昨夜的露水，只有百合自己知道，那是极深沉的欢喜所结成的泪滴。

年年春天，野百合都努力地开花、结籽，它的种子随着风，落在山谷、草原和悬崖边上，到处都开满了洁白的野百合。

几十年后，远在百里外的人，从城市与乡村，千里迢迢赶来欣赏百合开花，许多孩童跪下来，闻着百合的芬芳；许多情侣互相拥抱，许下了"百年好合"的誓言；无数的人看到这从未见过的美，感动落泪，触动了内心深处那纯净温柔的一角。

那里，被人们称为"百合谷地"。

不管别人怎么欣赏，满山的百合花都谨记着第一株百合的教导：

"我们要全心全意默默地开花，以花来证明自己的存在。"

滴水
藏海

任何人都知道，要认清自己是多么困难的一件事。正因为没有人能真正了解自己，因此常为周围的人带来许多麻烦和灾难。为避免这种情形，让自己成为一个不后悔的人，首先便要认清你自己，彻底了解自己是怎样的一个人。

然而，正如前面所言，要认清真正的自己是多么困难。世上大概没有什么事比了解自己更难的了。

尽管如此，了解自己仍是与人交往、拓展人际关系的必要条件，一个人对自己都不了解，还有什么资格谈了解别人呢？

了解自己，可说是人生必修的课程之一。

幸福在哪里？

> 幸福是点点滴滴获得的，但幸福本身却决不琐碎。
>
> ——第欧根尼·拉尔修

有一个老人，在临死前对儿子说："孩子，我快死了，我希望你过上好日子。"

儿子说："父亲，你告诉我，怎么才能使生活幸福？"

父亲答道："你到社会上去吧，人们会告诉你找到幸福的办法。"

父亲死了，儿子就出发了，到外面的世界去找幸福。他走到河边，看见一匹马在岸上走，这匹马又瘦又老。马问："青年人，你到哪里去？"

"我去找幸福，你能告诉我怎么找吗？"

"小伙子，你听我说，"马回答道，"我年轻时，只知道饮水，吃草籽，我甚至连头也不必转到食槽里，就会有人把吃的东西塞进我嘴里。除了吃以外，别的事我什么也不管。所以，当时我认为在这个世界上我是最幸福的了。可是现在我老了，别人把我丢弃了。所以我告诉你，青年时要珍惜自己的青春，千万不要像我过去那样。不要享受别人给你准备好的现成东西，一切都要自己干，要学会为别人的幸福而高兴，不要怕麻烦，这样，你就会永远感到幸福。"

青年继续走下去。他走了很多路，在路上碰到一条蛇。蛇问："小伙子，你到哪里去?"

"我到世界上去寻找幸福。你说，我到哪里去找呢?"

"你听我说吧，我一辈子以自己有毒液而感到自豪。我以为比谁都强，因为大家都怕我。我这种想法是不对的。其实大家都恨我，都要杀死我。所以，我也要避开大家，怕大家。你的嘴里也有毒液，所以，你要当心，不要用语言去伤别人，这样你就一辈子没有恐惧，不必躲躲闪闪，这就是你的幸福。"

青年又继续朝前走了。走啊，走啊，看见了一棵树，树上有一只加里鸟——它的浅蓝色羽毛非常鲜艳、光亮。

"小伙子，你到哪里去?"加里鸟问。

"我到世界上去寻找幸福。你知道什么地方能找到幸福吗?"

加里鸟回答说："小伙子，你听好，我给你讲。看来，

你在路上走了很多日子了，你的脸上满是灰尘，衣服也破了，你已变样了，过路人要避开你了。看来，幸福同你是没有缘分了，你记住我的话：要让你身上的一切都显得美，这时你周围的一切也会变得美了，那时你的幸福就来了。"

青年回家去了，他现在明白：不必到别的地方去找幸福，幸福就在自己身边。

滴水
藏海

如果你不懈地追求你认为最重要的东西，就会得到幸福；一旦被毫无意义或无聊的事分了心，幸福又会从手中溜走。因此，如果你想要得到幸福，首先要区别重要的和不重要的事，然后对无所谓的事就不要投注心思，也不要沉溺于纠缠不清的欲望、野心和烦恼中。解放心情，让自己轻松快乐，快刀斩去心中的欲望，舍弃肩上的包袱，必要时毫不留恋地将其忘却。

一旦放弃没意义的东西，就不会再神经紧绷、疲劳不堪，就会显得朝气蓬勃。幸福是可遇不可求的，它也像生命无常的花朵，握得太紧的话，便会凋萎。我们能做的，只有敞开心扉抓住幸福，一旦抓住了就要珍惜，不要失去。

手足情深

> 爱别人，也被别人爱，这就是一切，这就是宇宙的法则。为了爱，我们才存在。有了爱与慰藉，就无惧于任何事物，任何人。
>
> ——彭沙尔

在古代的以色列的某一个地方住着两个兄弟，都是非常勤劳的农夫。

哥哥已经结婚，有妻子儿女，弟弟还是独身，他们的父母过世时，把土地和财产平均分给两兄弟。

他们的土地上种满了苹果和玉米，因此收割时，将收获的苹果和玉米，公平地分成两份，各自储藏在自己的仓库里。

到了晚上，弟弟想着："我只有一个人，日子很容易打发，哥哥有妻子儿女，生活比较艰难，我应该把自己得到的那份儿，再分一半给哥哥。"他越想越睡不着，又怕哥哥不肯接受，于是趁着夜黑风高，把自己分得的苹果和玉米，搬一半给哥哥。

住在另外一边的哥哥，夜里也睡不着觉，他心里想着："我有妻子儿女，早就成家立业，只要和妻子同心协力劳动，

生活不成问题。弟弟还是孤独一人，应该多为以后的日子做打算。"他也怕弟弟不肯接受，于是趁着星夜无光，将自己的苹果和玉米，搬一半给弟弟。

第二天早上，当他们走到仓库的时候，都吓了一跳，苹果和玉米丝毫不减，两兄弟以为自己做了一个非常真实的梦。

第二天晚上、第三天晚上也是一样，他们继续搬了三个晚上，而每天起床都以为自己做了非常真实的梦。

第四天晚上，两兄弟彼此搬苹果和玉米到对方仓库时，竟然相遇了，兄弟俩同时扔下手中的作物，紧紧抱在一起痛哭起来。

他们决定不分家，一起经营父母留下的土地。

这两个兄弟抱在一起哭泣的地方，后来成为耶路撒冷的圣地，直到今天仍被人们向往，也成为后代人朝圣的地方。

滴水
　藏海

生命的意义是什么?没有爱的生命，是一种可怕的浪费。

每一个人来到这个世界，都有他独特的任务，而实现这个任务并不光是为了他自己，心胸广大的人兼善天下，喜欢闲适的人也可独善其身。

真正的爱，都是出乎自然、发自肺腑的。

爱的真义就是这样不求回报，慷慨地付出自己!

爱世间的一切，不只是好山好水、好人好物;而是付出

—— 27 ——

小故事中的人生智慧

超越自我的爱欲，以一颗悲悯的心来关爱众生，撒下真情。

不自由，毋宁死

瀑布叹道："我得到自由时，便有歌声了。"

——泰戈尔

一只骨瘦如柴的狼，因狗总是跟它过不去，好久没有找到一口吃的了。这天遇到了一只高大威猛但正巧迷了路的狗，狼真恨不得扑上去把它撕成碎片，但又寻思自己不是对手。于是狼满脸堆笑，向狗讨教生活之道，话中充满了恭维，诸如仁兄保养得真年轻，真令人羡慕云云。

狗神气地说："师傅领进门，修行靠个人，你要想过我这样的生活，就必须离开森林。你瞧瞧你那些同伴，都像你一样脏兮兮的，饿死鬼一样，生活没有一点保障，为了一口吃的都要与别人拼命。学我吧，包你不愁吃喝。"

"那我可以做些什么呢？"狼疑惑地眨巴着眼睛问。

"你什么都不用做，只要摇尾乞怜，讨好主人，把讨吃要饭的人追咬得远远的，你就可以享用美味的残羹剩饭，还能够得到主人的许多额外奖赏。"狼沉浸在对这种幸福的体会中，不觉眼圈都有些湿润了，于是它跟着狗兴冲冲地上了

路。路上，它发现狗脖子上有一圈皮上没有毛，就纳闷地问：

"这是怎么弄的？"

"没有什么！"

"真的没什么？"

狗搪塞地说"小事一桩。"

狼停下脚步："到底是怎么回事？你给我说说。"

"很可能是拴我的皮圈把脖子上的毛磨掉了。"

"怎么！难道你是被主人拴着生活的，没有一点自由吗？"狼惊讶地问。

"只要生活好，拴不拴又有什么关系呢？"

"这还没有关系？不自由，不如死。吃你这种饭，给我开一座金矿我也不干。"

说完，饿狼扭头便跑了。

滴水
藏海

对于凡尘下的人们来说，什么是真正的自由？

人类所以自由是因为不受事物的支配，可以按照自己的逻辑和想法行动。

但是，对自由的诠释，还有其他说法。可以随性所至，去做自己喜欢的事，这也算是一种自由，它与面对自己内心的自由是全然不同的，因为它是把自己完全放在外界的种种

小故事中的人生智慧

刺激中。如果问这两种自由，哪一种才是真正的自由，也不会有绝对的答案，因为对于自由的理解，两者都有其道理。这两种倾向我们人类都有，既可以对内专心思考，也可以在好奇心的驱使下，活跃地回应外界的刺激。

我们大多数人日常很少愿意内省、深思，总是凭自己的意志决定某些事。但是，若想获得真正自由的人生就不能如此，而必须要面对自己的内心世界，深思熟虑，培养独立思考的能力，一旦有某个目标值得追寻，就要撇开只会造成干扰的闲言碎语，一心一意朝着目标前进，同时决不能屈服于他人的压力、谄媚、诱惑之下。

凡人与安拉的对话

岁月不待人。

——陶渊明

有人梦见自己在和安拉对话。

"伟大的安拉哟，在你眼里，一千年意味着什么？"

"一分钟罢了。"

"哦，至高无上的真主啊，在你眼里，一万金币意味着什么？"

"一个铜板罢了。"

"大慈大悲的真主啊，请赐给我一个铜板吧。"

安拉回答说：

"好的，请等一分钟。"

滴水
藏海

上帝给予恩惠时，按他的时间算；上帝给予惩罚时，按你的时间算。

时间不停地流逝，它不会等人。

要趁着年富力强之时奋勉努力，匆匆流逝的岁月是不会等待人的。

年轻时，对时间的感觉总不够迫切，因为尚有健康的身体和充足的时间。一旦步入中年或老年，才惊觉时间过得有多快，焦虑于时光之流逝。此时，"岁月不待人"这样一句诗便会浮现脑际，而有所警戒，进而更珍惜光阴。

"今晚我就会把你吃掉!"

今是生活，今是动力，今是行为，今是创作。

——李大钊

小鱼是会长大的，但假如嫌它太小先放了它，等它长大再捉，这就未免太傻了，因为很难说能不能再次捉到它。

有条小鲤鱼还只是个鱼苗，就被渔民在河边捉住了。

"权当充数吧！"渔民看着这抓到手的小鱼说，"这也许是盛餐的一个好预兆，就把它放在鱼篓里吧。"

可怜的小鲤鱼对渔民说："我能做成什么菜呢？顶多够您吃半口，放了我让我长成大鱼，当您重新捉到我，还可卖个好价钱。不然的话，您得捉上百十条我这样的鱼，才够您做成一个菜，那太费神了。听我的，这真没多大意思。"

"没什么意思？算了吧！"渔民说，"鱼啊，你这么漂亮，还挺会说的，可你是枉费口舌了，你到油锅里去吧，今晚我就会把你吃掉。"

这说明了先得不如现得，把握今天，胜过两个明天。

滴水
藏海

行动，尝试，去做。这很好。但在什么时候呢？

今天。今天是自我实现的最佳时刻，是拼搏的最佳时刻。

不是明天，而是今天。

是观察者，就应该是完全独立的人，就不会让别人控制自己的汽车。当你驶向死胡同时，调转头，绕过去，然后再

驶向自己的目标。

维克多·雨果相信，一个及时的主意胜过全世界的武装力量。

不错，这里就有这么一个及时的主意：做一个观察者，指导你走向今天的美好生活。

明天太阳又升起

> 明日复明日，人皆以此自我安慰。
>
> ——屠格涅夫

一天晚上，外面正下着大雨，猴子和癞蛤蟆坐在一棵大树底下，互相抱怨这天气太冷了。

"咳！咳！"猴子咳嗽起来。

"呱—呱—呱！"癞蛤蟆也喊个不停。

它们被淋成了落汤鸡，冻得浑身发抖。这种日子多难过呀！它们想来想去，决定明天就去砍树，用树皮搭个暖和的棚子。

第二天一早，红彤彤的太阳露出了笑脸，大地被晒得暖洋洋的。猴子在树顶上尽情地享受着阳光的温暖，癞蛤蟆也躺在树根附近晒太阳。

小故事中的人生智慧

33

猴子从树上跳下来，对癞蛤蟆说：

"喂！我的朋友，你感觉怎么样？"

"好极了！"癞蛤蟆回答说。

"我们现在还要不要去搭棚子呢？"猴子问。

"你这是怎么啦？"癞蛤蟆被问得不耐烦了，"这件事明天再干也不迟。你瞧，现在我有多暖和，多舒服呀！"

"当然啦，棚子可以等明天再搭！"猴子也爽快地同意了。

它们为温暖的阳光整整高兴了一天。

傍晚，又下起雨来。

它们又一起坐在大树底下，抱怨这天气太冷，空气太潮湿。

"咳！咳！"猴子又咳嗽起来。

"呱—呱—呱！"癞蛤蟆也冻得喊个不停。

它们再一次下了决心：明天一早就去砍树，搭一个暖和的棚子。

可是，第二天一早，火红的太阳又从东方升起，大地洒满了金光。猴子高兴极了，赶紧爬到树顶上去享受太阳的温暖。癞蛤蟆也一动也不动地躺在地上晒太阳。

猴子又想起了昨晚说过的话，可是，癞蛤蟆却说什么也不同意：

"干吗要浪费这么宝贵的时光，棚子留到明天再搭嘛！"

这样的故事，每天都重复一遍。一直到今天为止，情况都没有变化。

癞蛤蟆和猴子还是一起坐在大树底下呻吟，抱怨这天气

太冷，空气太潮湿。

"咳！咳！"

"呱—呱—呱！"

今天未完成的事，"还有明天，还有明天"，人们以此作为倚靠而得过且过。如果今天过得并不好，那么明天将成为心灵的寄托。盼望明天，仿佛能使痛苦的今天变得短暂。这是随着时光的流逝，而必须承认的事实。

"明天再做，不好吗？"

有的人会以此劝告加班的同事，这亦是慰劳人的一句话。

"明天再用功吧，要保重身体。"

许多母亲亦以此告诉正面临升学压力的孩子。慈母之心由此可见。

这样的体贴话语，多半出自于心地慈祥的人口中。尽管明天未必就会更好，但这种暗示的确能给人以一种希望的温存。

"这个明天将带领他至走进坟墓的那一天。"屠格涅夫一针见血地指出这种将一切寄托于明天的行为的后果。

今日事今日毕，这样，在生命的最后一刻，你将品味到生命之树上的累累果实。

小故事中的人生智慧

模仿鸳鸯叫声的男人

> 机会老人先给你送上他的头发，如果你一下没抓住，再抓就只能碰到他的秃头了。
>
> ——培根

从前有一个穷人，他有一个漂亮的老婆。有一天，是那个国家的国庆节，所有妇女都把一种非常高贵的优钵罗花戴在头发上，作为装饰。只有这个穷人的老婆没有，她觉得十分不体面，就对她的丈夫说："要是你能弄到优钵罗花给我戴，我才是你的老婆；否则，我只好离开你了。"这个穷人本来很会装鸳鸯叫的，因此他就假充鸳鸯，到国王的御池里去偷优钵罗花，可是当守池的人问道："池里面是谁呀？"穷人一时失口回答说："我是鸳鸯！"于是守池的人就把他捉住，解送到国王处去治罪。在路上他后悔不迭，学起鸳鸯的叫声了，守池的人笑他说："你刚才不叫，现在叫还有什么用呢？"

滴水
藏海

仅仅能"做得好"是不够的，你还必须在合适的时候

做。换言之，把握时机很重要。

卡耐基说："没有人从未遇到过机会，只是他没有去把握。"机会的出现，往往是人生的重要转折点。

无论任何人，在他生命中至少有一两次的幸运机会，结果如何就要看他如何去把握了。

西方有句俗谚说："与其说机会放弃人，不如说人放弃机会。"不是机会不来，而是人往往忽略了机会。只有善于把握机会的人，才能拥有更多的机会。

智慧的碎片

> 智慧最后的结论是：生活也好，自由也好，都要天天去赢取，这才有资格去享有它。
>
> ——歌德

从前有一只乌龟，想要独占全世界的智慧，做世界上最聪明的动物。它想叫每一个人，无论是谁，在解决任何问题时，不管多小的问题，都不得不向它请教。它想，这样的话，自己也许还可以因此做上若干笔赚钱的买卖哩。于是，它出门去搜集世界上所有的智慧，凡是搜集到的，都装在一个葫芦里，然后，用一卷树叶把葫芦口紧紧地塞住。它觉得

小故事中的人生智慧

已经搜集了所有的智慧，便决定把这个葫芦藏到一棵谁也爬不上去的高树顶上。

它来到那棵树下，在葫芦颈上系上一根绳子，把绳子两端打上一个结，然后将这个绳圈套在自己的脖子上，这一来葫芦就垂在它的肚子前面了。它试着往树上爬，但是怎么也爬不上去，因为那个葫芦老是妨碍着它。它硬撑着爬了好几次，皆以失败告终。这时，它听见有人在背后笑着。转过头一看，它发现有一个猎人正在瞧着它。

"朋友，"那位猎人说，"要是你想爬到树顶上去，为什么你不把那个葫芦挂在后面呢？"

听到这一句很平常的劝告，乌龟明白了，世界上至少还遗留着许多智慧哪，而它却以为把全世界的智慧都搜集光了。乌龟觉得自己这件工作实在是白费劲，大为气恼，当场就把那个装智慧的葫芦往地下一掷。葫芦在树底下摔碎了，智慧一小片一小片地散布在全世界上。如果用心搜集的话，任何人都能够找到一点的。

滴水
藏海

智慧其实是一种境界，是一种只可意会不可言传的境界：广阔的胸怀、渊博的知识、精明的头脑、机智的反应、敏锐的行动、幽默的语言……智慧无所不在，处处隐藏。不同的人，不同的时空，不同的事物，智慧的表现形式也大不

相同。

智慧是藏不住的，但往往被人们忽视。人间处处有智慧，即使我们闭上双眼的时候，它依然存在。

豹与猴子的表演

人只有依靠思想才能获得自己的个性，才具有创造性，才能成为为某种事业献身奋斗的真正战士。

——苏霍姆林斯基

猴子和豹都在闹市里演出挣钱。它们分别在自己的演出地旁张贴了一张海报。豹子的海报是这样写的："先生们，上流社会都知道我的才能和名望，国王就十分欣赏我，如果我死去，他很乐意用我的皮去做一只手笼。我的皮毛色彩绚丽，上面有许多的斑点和红色的斑纹，变幻万千。"当然，大家都喜欢这斑斓多姿的色彩，于是就一睹为快。但演出很快就看完了，大家也就准备散去。

这时猴子在一旁开了腔："劳驾捧场，请到这边来。先生们，我会玩上百种戏法，大家多次谈到过这种变化多端的手法，我邻居豹子的变化仅在它的身上，我的变化则在思维里、行动中。你们的剧中人基尔，它是贝尔特朗的侄子和女

小故事中的人生智慧

婿，当主教大人在世时，它也曾是主教的猴子。现在它们一行人马，足足装了三艘大船，刚刚到达这座城市，特意来进行交流。你们将看到猴子跳舞、打旋、钻圈，耍各式各样的把戏，所有这一切只需付6个法郎，哦，不要这么多，只要一个苏。要是你们不满意的话，我们会到各位面前把钱还给您。"

猴子说得很在理，我们喜欢的不单是外表的各种形态，更是思想的丰富多彩。思想的丰富让人情趣盎然，而表面的浮华却使人过了一会儿就会兴致索然。

滴水
藏海

西方哲言："人是会思想的芦苇。"

人之异于禽犬，亦在乎他能思想，人类的文明，就是思想成果之累积。纪伯伦说："世间的每一件美和伟大的事物，都是由人心中的一种思想和感情所产生的。"

产业革命是因为机器代替手工的思想萌生了，人们不得不扬弃手工作业；近代的民主自由风气影响所及，使得非洲许多弱小国家，纷纷宣告独立，这是民主思想打的胜仗!

人皆有追求真理的热诚，也都有思想行动的自由，在当代，人类的精神特征，就是我思故我在。

唯有不断地思考，才能不断地进步。

学问即财富

愚昧从来没有给人带来幸福，幸福的根源在于知识。

——左拉

从前，在一座城市中，有两个市民为不同的见解而发生争论。一个人贫困而有学问，另一个人富有但十分无知。富翁想贬低穷人，他认为一切聪明人都应该尊重他，说不尊重他的人就是傻瓜。但人们觉得没有道理去尊重一些没有价值的财富。

"我的朋友，"富翁对聪明人说道，"你觉得自己应该受到别人的尊重，但请你告诉我，你举办过盛大的宴会吗?你这种人，识文断字又有什么用?你们总是住在顶层的亭子间，一年四季所穿的衣服既无区别又没有变化，你的仆人就是随身的影子。我们的国家倒真需要像你们这种不需花费多少钱的人呢!不过要我说，只有多花钱过舒坦日子的人才会促进社会的发展。老天在上，只有我们使劲花钱享受，才能保证手艺人、卖货郎、裁缝、佣人，还有你们这些把自己拿不出手的作品送给银行家的人有饭吃。"这些极为狂妄的大话深深地刺伤了聪明人的心，有学问的人有满腹道理可反驳富

小故事中的人生智慧

人，但他不愿与他多费口舌。以后发生的战争报了他一箭之仇，而且比任何反驳或讽刺的效果都妙，战争摧毁了富翁和穷人的住宅，两人都背井离乡离开了家。没文化的富翁沦为乞丐遭人唾弃，而贫穷的文化人仍受人尊重和款待，他俩之间的争端也就画上一个句号。

滴水
藏海

因此可以这么说，不管无知者如何贬低知识的价值，学问经得起考验，其价值也将与日俱增。

知识是升天的羽翼，是恐惧的解毒药，人的自主权深藏于知识之中。没有知识的人，总爱议论别人的无知，而他们恰恰是经不起自然与社会检验的。

多读书、多学习、多积累经验，就是前途的保障。

朱庇特的儿子

教育的目的在于性格的塑造、成形。

——斯宾塞

众神之王朱庇特的儿子比普通的孩子更具有聪明才智并

且手眼神通，他凭借依稀的记忆待人接物，就如同他是那人的熟人，一切言谈举止是如此得体，但父神认为还是应当对他进行教育。

这一天朱庇特把众神召来，说："到今天为止，我在没有助手的情况下独当一面，驾驭宇宙。现在我想把一些工作分给我的儿子去主持，为了使他的学识和他的地位相称，他应努力学习，知晓一切。我很关心这可爱的孩子，我的骨肉。各地已为他筑起了祈祷的祭台。"话音刚落，众神一致鼓掌表示赞同。

战神说："我愿亲自教给他战争的艺术，很多英雄通过打仗使神坛为之增光，为帝国开拓了疆域。"

"我教他来作诗。"博学的阿波罗神说。

"我会教他克制自己的情欲、战胜其邪恶。这些恶毒的怪物，如同七头蛇一般，不时地涌现在人们的心头；柔情蜜意是敌人，这会使他很容易被欠缺道德修养的人们宠坏。"当轮到维纳斯说话的时候，她说她要教给这孩子一切。爱神说得好："当聪明才智一旦和渴求知识的愿望相结合时，那么世界上就没有什么学不会的东西了。"

滴水
藏海

西方人亚里士多德说："教育乃廉价的国防。"

教育的主要功用在于：培养个人气质、陶冶个人情操，使其臻于完美。

教育使命是发现一个人的内在长处，然后去培植他、鼓励他。

一个国家强盛与否，要视其教育是否普及，教育水准是否高尚而定。

梁启超先生在《论教育当定宗旨》一文中说："教育之意义，在于养成一种特色之国民，使结团体以自立竞存于列国之间，不徒为一人之才与智云也。"

教育是百年树人的工作，在这物欲横流的时代，教育的潜移默化的作用，将是每一位杏坛上的教师所应汲汲探讨的重要课题。

教育的力量是巨大的，它关乎人类的未来。

金钱难买力量与健康

健康的躯体是灵魂的客厅，而病体则是监狱。

——培根

有那么一个青年人，总是抱怨自己贫穷，命运不济。他常常自怨自艾地说：

"我要是能有一大笔钱该有多好！那时候我可以舒舒服

服地生活。"

这当儿，正巧有一位老石匠从旁边走过。听了他的话，老人问道："你为什么要抱怨呢?要知道你已经很富有了!"

"我有什么财富?"青年人困惑不解，"我的财富在哪里?"

"比如你的眼睛，你愿意拿出一只眼睛来换些什么东西吗?"老石匠问。

青年人慌忙说："你说的什么话?我的眼睛是给什么也不换的。"

石匠又说："那么让我来砍掉你的一双手吧! 我可以给你许多黄金。"

"不，我也决不用自己的手去换黄金。"

这时候老石匠说：

"现在你看到了吧，你十分富有。为什么你还总抱怨命运不佳呢?记住我的话：力量和健康——这是无价之宝。是金钱难以买得到的。"

说完老石匠就走开了。

滴水
藏海

马克思在读大学的时候曾接到父亲的一封信：

"……祝你健康，在用丰富而有益的食物来滋养你的智慧的时候，别忘记，在这个世界上，身体是智慧的永恒伴侣，整个机器的状况好坏都取决于它。一个体弱多病的学者是世界上最不幸的人。因此，望你用功不要超出你的健康所能容许的限度。此外，每天还要运动运动，生活要有节制。我希望，每次拥抱你的时候，都会看到你是一个身心越来越健康的人。"

健康的身体是幸福之本，也是成功之本。可是，在现实生活中，有的人不重视健康，以牺牲健康为代价去赚钱敛财，这实在是一种"短视"的行为。有的人年轻时拼命用健康去换取金钱，年老时却又期望用金钱买回健康，这是做不到的。一个人若不为健康投入必要的时间，他就不可能享受时间的慷慨赐予。获得健康并不一定要花太多的时间和金钱，只要选择适合自己的方式坚持运动并持之以恒就行了。

有本书的名字叫《希望》

> 人们夜里走路，眼睛总要盯住灯光。
>
> ——雨果

有一个人，他仅有的财产是一头驴子、一条狗、一盏油灯以及一本书，书名是《希望》。

有一天，他带着所有的财产出了远门，袋里装着书，左手提着油灯，右手牵着驴子，身后跟着狗。

到了夜里，他在路边看见一间草屋，决定在草屋里过夜。

由于时间尚早，他点起油灯，开始读书，没想到突然刮起狂风，把油灯吹熄了。

他只好躺下来睡觉。

没有多久，狐狸跑来，咬死了他的狗。

又过一会儿，狮子跑来，吃了他的驴子。

他早上醒来，大吃一惊，立刻拿着书跑出了草屋。

当他到达邻近村落时，更为吃惊，因为夜里来了一群盗匪。

如果驴子活着，就会骚动，自己因而会被盗匪发现。

如果狮子选择了吃人而不吃驴子，自己的性命也不能保全。

正因为失去了一切，性命才得以保全；反之，如果性命不在了，一切都保全，那又有什么意义呢？

他紧紧抱着怀里的那本书，终于领悟到："一个人即使失去一切，也不能失去希望；一个人尽管身处绝境，也不能失去希望。只要活着，就有希望。"

滴水
藏海

希望是人生存的原动力，有了希望，人可以忘掉痛苦和不幸！

像海边的灯塔，希望也是这样指点着人生奋斗的方向。有希望就意味着有前途，我们从小不就在"我希望……"中长大吗？

小故事中的人生智慧

司马迁在受了腐刑之后，犹能在屈辱中执笔写出《史记》；居里夫妇在极为简陋的条件下，仍孜孜以求，最终发现了"镭"，这都是希望在支撑着他们，他们的行为也为后人树起了丰碑。

有了希望，就有了勇气，就有了一切可能。

白蝴蝶　蓝蝴蝶

今天在实践中证明的东西，就是过去在想象中存在的东西。

——布莱克

在一个狭长的山谷里，住了一群白蝴蝶，它们居住在溪水边，吸食腐木的汁液为生。

有一只毛毛虫，每天看着蓝天，还有蓝天下飞过的多彩多姿的蝴蝶，它心里总是想着："为什么我不能变成一只蓝蝴蝶呢？为什么我不能像多彩多姿的蝴蝶一样，以采花为生呢？"

于是，吃完树叶后，别的毛毛虫都睡了，这只毛毛虫就独自冥想，想着自己生出美丽的蓝翅膀，在蓝天下飞来飞去，分不清自己是飞在蓝天中，还是蓝天印在自己的双

翼上。

每天每天，毛毛虫都这样深深地冥想着。

奇怪的事情终于发生了，当所有的毛毛虫都长出白翅膀时，那只毛毛虫却长出一对蓝翅膀，蓝得像蓝天一般。

别的蝴蝶一诞生，就飞临大地，吸食腐木的汁液。只有蓝蝴蝶一飞冲天，在蓝天下飞舞，从一朵花舞过另一朵花，它心里想着："百花是如此的美味，为什么白蝴蝶都不知道呢?在天空下飞舞是这么快乐，为什么白蝴蝶都不愿意飞舞呢?"

蓝蝴蝶一边快乐地飞舞，一边冥想，希望自己的子子孙孙都能化成蓝蝴蝶，都能飞舞在蓝天中，吸吮百花的芬芳。

那些聚居在山谷底部的白蝴蝶偶然抬头，看见和自己长得很像的蓝蝴蝶，在空中飞来飞去，都以为自己在做梦，把蓝天梦成了翅膀。

许多许多年之后，在那狭长的山谷里住了一群白蝴蝶和一群蓝蝴蝶。

白蝴蝶一出生，便飞向大地，吸食树木的汁液。

蓝蝴蝶一出生，便飞向空中，与蓝天共舞，吸食百花的芬芳，它们蓝之又蓝，蓝得比它们的祖先——第一只蓝蝴蝶——还要蓝；它们自由自在，比第一只蓝蝴蝶飞得更高更远。

滴水
藏海

在梦与现实之间，似乎永远存在着一条不可跨越的鸿沟，青春不再，红颜白发，人世的变化，毫不留情。梦是短

小故事中的人生智慧

暂的，现实是莫测的，如何将梦与现实合一，就是人生的一大使命。

创造性的期待与努力连成一体。努力意味着跃跃欲试。记住：只要你试一下，你就在那儿了。你期待自己的到达，因为你在运动，你在努力。

你必须使用"想象发展"这种使你飞黄腾达的意志力。

走进你的暗室，拿出你的电影放映机。

现在把影片打在银幕上。

你自己心灵的银幕。

你看到什么？

你看到成功的影片——这是我们今天的特征：重量级冠军凶猛地出击；女演员含情脉脉催人泪下；一位政客把自己的声誉押在自己强硬的演说词中。影片中共有三位胜者。

你应该用这样的想象力把自我成功的影片投射到自我的心灵，以此发展自我成功的意志，创造成功的力量。

接着你一次又一次看到自我过去的成功，自我此刻的胜利。

想象意味着行动。想象不是被动的，它是动态的、运动的，它随每天环境的需要而不断变化。

积极的思考是必要的，但你还应更进一步，你应该积极地去做。你应该润滑自己的大脑机器，加速马达的运转，达到自己的目标。

亚历山大怎么哭了？

唯有人道、慈悲、同情和公正的人，才能得到自己需要的情感。

——霍尔巴赫

亚历山大率领着他的一小支部队侵占了亚洲西部的全部领土。

"这世界是我的王国。"他说。

他征服了波斯，当时波斯是众所周知最大、最富饶的国家。他烧毁了蒂尔这座强大的城市。他自封是埃及的主人。他在尼罗河口附近建造了一座辉煌壮丽的新城，并用他自己的名字命名为亚历山大里亚。

"在埃及西部有什么？"他问。

"只有一望无际的沙漠。"有人回答说。

"直到这陆地的尽头，除了沙子、沙子，灼热的沙子之外什么都没有。"

于是亚历山大率领着他的部队回到了亚洲。他侵占了幼发拉底河那边的国家。他沿着里海海岸穿过草原。他爬上了似乎可以俯视世界的雪山。他注视着北边的一片荒凉的

小故事中的人生智慧

土地。

"那边有什么?"他问。

"只有冰封的沼泽地,"有人回答说, "直到这块陆地的尽头,除了雪地和冰海,什么都没有。"

于是亚历山大率领他的部下向南推进。他侵占了印度的大片国土。他征服了一个又一个富饶的城市。最后他来到一条叫做恒河的大河。他本想横渡此河,但是他的士兵不跟他过河。

"我们不再往前走了。"他们说。

"这条美丽的河流以东有什么?"亚历山大问。

"只有纵横交错的丛林,"有人答道, "到这陆地的尽头,别的东西什么都没有。"

于是亚历山大叫人造船。他的船在另一条叫印度河的河里下了水,然后同他的部队顺流而下,驶向大海。

"远方是什么地方?"他问。

"只是无人到过的水域,"有人回答说, "直到这个地域的尽头,除了深海什么都没有。"

"那么真是的,"亚历山大说, "凡是有人居住的地方都是我的。东、南、西、北再没有我可征服的地方了。但是,这毕竟是一个多么小的王国呀!"

于是他坐下哭了起来,因为再没有他可征服的世界了。

滴水
藏海

有人说，世间不幸的根源只有两种：一种是从未实现的梦想，另一种是梦想已实现了。

许多功成名就的人相当不快乐。他们眼里只有一个目标，不顾一切地向这个目标推进，往往无视于周围的事物。他们伤尽同事、部属、配偶、子女和亲友的感情。更糟的是，他们从不去思索成功对他们来说意义何在。

因此，一旦达到目标，他们便会觉得空虚无依，由于他们不曾费神争取家人和同事的支持，便会感到孤立无援，他们不免抱怨："高处不胜寒。"为求成功不惜牺牲一切的结果，严重时能使人的心灵枯竭，感到希望幻灭。

真正的成就应该融合了成功、财富、服务他人的满足感、真挚的友谊，以及享受生命中所有幸福的能力。

贝莱特的牛奶罐

使生活变成幻想，再把幻想化为现实。

——居里夫人

贝莱特头上顶了个牛奶罐，奶罐稳当地放在她头顶的一个小垫子上，她希望能平安地抵达城里。她穿着普通短裙和平底鞋，急匆匆地赶着路。她边走边盘算：这次卖牛奶的收入可买100个鸡蛋，由三只母鸡分三次孵化这100个鸡蛋，经过细心照料，一定会成功。她想："把这些小鸡在家门口养大，并不会很难。这些鸡也不至于被狐狸全部偷走，只要留下的鸡能换一头猪就够了。养头肥猪用不了多少米糠，到了猪长到出栏，我可以卖掉它换一大笔钱。有了钱，还有谁能阻止我买一头母牛和小牛犊呢？"想到这里，贝莱特仿佛已看到小牛犊在牛群中耍欢，就高兴得不禁手舞足蹈起来，奶罐随即从头上掉了下来，"咣"地一声在地上摔得粉碎。于是什么小牛犊、奶牛、猪、鸡等等全都成了泡影。

我们的女主人公，沮丧地离开了那洒了一地的"财富"，冒着有可能挨丈夫打的危险回家去了。

滴水
藏海

我们思绪纷飞，常在心中构筑空中楼阁。历史上的风云人物、聪明人和疯子，还有这个卖牛奶的女人，都在白日做梦，没有比白日梦更具诱惑力的。让人寄托着希望的幻想使我们头脑发热，仿佛这世界上所有的财产、荣誉都是我们的。

你应该学会区分事实与幻想的界线。你必须实事求是。

如果心里老想着过去的错误与不幸，那你就会很容易生活在幻想的世界中。只有忘掉过去的悲伤与不满，生活在现在，你才能在幻想与现实中找到归处。

著名的意大利剧作家皮朗德罗写过一个剧叫《六个人物寻找一位作者》，剧中的人物寻找作者，是为了发现自己的价值。

从心理控制论的角度说，你是寻找六个人物的作者。你正在寻找幸福、痛苦、伤心、挫折、成功、失败，那么这六个角色你准备选择哪一个呢?

你是作者，你是导演。你可以指导演员，你可以改写剧本，再造演员。

有了自我接受，你选择现实。有了自我接受，你不再需要虚假的幻想世界。

请勿沉溺于无谓的幻想之中，踏实地做事，你就会得到你想要的。

完美女人，完美男人

每件事都要求完美，反倒使自己心生困扰而不快乐。

——《养生训》

小故事中的人生智慧

在远方的城市里，来了一个老人。

这老人一看便可知是来自远地的旅人，因为他背着一个破旧不堪的包袱，他的脸上布满了风霜，他的鞋子因为长期的行走，破了好几个洞。

老人的外表虽然狼狈，却有着一双炯炯有神的眼睛，不论是行走或躺卧，他总是仔细而专注地观察着来来往往的人。

老人的外貌与双眼组合成了一个极不统一的画面，吸引了所有人的目光，人们窃窃私语：这不是普通的旅人，他一定是一个特殊的寻找者。

但是，老人到底在寻找什么呢？

一些好奇的年轻人忍不住问他："您究竟在寻找什么呢？"

老人说："我像你们这个年纪的时候，就发誓要寻找到一个完美的女人，娶她为妻。于是我从自己的家乡开始寻找，一个城市又一个城市，一个村落又一个村落，但一直到现在都没有找到一个完美的女人。"

"您找了多长时间呢？"一个年轻人问道。

"找了60多年了。"老人说。

"难道60多年来都没有找到过完美的女人吗？会不会这个世界上根本就没有完美的女人呢？那您不是找到死也找不到吗？"

"有的！这个世界上真的有完美的女人，我在30年前曾经找到过。"老人斩钉截铁地说。

"那么，您为什么不娶她为妻呢？"

"在30年前的一个清晨，我真的遇到了一个最完美的女人，她的身上散发出非凡的光彩，就好像仙女下凡一般，她温柔而善解人意，她细腻而体贴，她善良而纯净，她天真而庄严，她……"

老人边说，边陷进深深的回忆里。

年轻人更着急了："那么，您为何不娶她为妻呢？"

老人忧伤地流下眼泪："我立刻就向她求婚了，但是她不肯嫁给我。"

"为什么？为什么？"

"因为，因为她也在寻找这个世界上最完美的男人呀！"

滴水藏海

即使是自甘堕落的人也绝不会承认自己是有巨大缺陷的人。他们不会想到要改变自己的性格，不仅如此，还会自视是一个完美的人。

一般性格正常的人，知道自己人格有缺点，必会努力改正，使自己成为更完美无缺的人。

每做一件事皆要求务必完美无缺，便会因心理负担的增加而不快乐；各种不幸皆由追求完美却难以实现而导致出来。当一个人要求别人善待他时，缺点便显现无遗，他会愤愤不平地责备对方做得不够好而令他痛苦。在日常生活中，无论为人还是处事都无须苛求完美，要认清身边的事物与他

小故事中的人生智慧

人的优点。

世界上没有任何一件事物是十全十美的，它们或多或少皆有瑕疵，人类亦同。切记，凡事切勿过于苛求，你会活得更快乐!

嫁 给 谁?

> 满足于最低限度的人最富有，因为知足是自然的财富。
>
> ——苏格拉底

有一位非常高傲的姑娘，想找一个年轻英俊、健康文雅、待人热情、开朗大方的丈夫，当然，姑娘还希望丈夫有钱有势、聪明机智，总之要样样不错。

命运女神为她仔细物色，许多有钱人家的求婚者不断上门，姑娘总是感觉他们不大理想。"怎么了?我就嫁给这样的人? 哎呀，瞧瞧吧，他们那模样，一个一个惨兮兮的!"这个没有幽默感，那个是个蒜头鼻，总之他们不是这里有毛病，就是那里出问题，最终全部不合格，因为这姑娘比其他女人更挑剔。

打发走这些条件好的求婚人以后，那些平庸之辈又隔三岔五、络绎不绝地上门来求婚。姑娘鄙夷地嘲笑着："啊，我就算真的宰相肚里能撑船，还要亲自为他们打开门吗？他们以为我嫁不出去了呢。感谢上帝，尽管我独身一人，但我在夜里从不感到忧伤。"一年接一年，慢慢地，再也没有求婚者登门拜访了。结果，伴随她的是忧伤和不安。爱情、嬉戏、笑脸远离她而去，就连她的容貌也难讨人喜欢，姑娘虽然涂脂抹粉，悉心打扮，但然费苦心也难获爱情，她摆脱不了时间对她容貌的损害，衰老变丑的容貌再也不见青春的神采。

她由故作矜持改成了低姿态，没事总是对着镜子自言自语地说："赶紧找一个丈夫吧。"真说不出是哪种欲望导致她产生出这样庸俗的要求，这种欲望出自高傲的姑娘口中真令人费解。她最后的选择更是出人意料，嫁给个粗鄙的丈夫还令她陶醉不已，欣喜若狂。

滴水
藏海

生活中，经常有这样的情形：有的人，为了追求"最完美"的东西，挑了又挑，拣了又拣，结果空耗了许多宝贵的时间和精力，失去了许多难得的机遇，最后落得个竹篮打水——一场空。

有的人正是因为热衷于追求不切实际的、虚无缥缈的"完美"，而忽视了那份最可贵的"平淡"。殊不知，平平淡

小故事中的人生智慧

淡才是生活的真谛。平淡中往往蕴含着许多伟大和神奇，关键在于我们怎样去挖掘和面对它。

更何况世间的万事万物，无一尽善尽美。例如玫瑰花，虽色香俱佳，却满身尖刺。人亦如花，不可能十全十美。缺憾有时也是美的。在人生旅途上，不要怀抱不切实际的幻想，不要追求那可望而不可即的所谓"完美"。要踏踏实实、沉下心来，一步一个脚印地去采摘你认为是最完美的树叶。

喜鹊和乌鸦原本是兄弟

> 两个人从同一座城由内向外望。一个人望到的是泥土，一个人望到的是星星。
>
> ——弗列德利·蓝伯利基

在一片森林里，有一只鸟妈妈，生了一对双胞胎。

两兄弟长得非常相像，却有完全不同的性情。

哥哥的性情开朗，不论遇到什么事物，总是"嘻，嘻，嘻"地笑着。

弟弟的个性沉郁，终日闷闷不乐，即使没有事情，也总是"哀，哀，哀"地哭着。

比如说，遇到了下雨天，哥哥就唱着："下雨天真好玩

儿，嘻，嘻，嘻!"

弟弟却哭了："下雨天真无聊，哀，哀，哀!"

鸟妈妈就会劝小儿子："你最好喜欢下雨天，因为这辈子有一半的日子会下雨，喜欢雨天的鸟会比不喜欢雨天的鸟快乐。"

但是，弟弟并不听劝。

比如说，到了秋天，叶子落了，哥哥就唱："叶子落了，就会长出新芽，真好! 嘻，嘻，嘻。"

弟弟却哭了："叶子落了，天气就冷了，有什么好?哀，哀，哀。"

鸟妈妈就会劝小儿子："你最好喜欢秋天，因为这辈子每年都会经历秋天的落叶时光，喜欢秋天的鸟会比不喜欢秋天的鸟幸福。"

但是，弟弟总不听劝。

奇怪的事情发生了，哥哥和弟弟不只叫声不同、性情不同，当它们长出羽毛的时候，连颜色都不一样了。

哥哥有着褐黑色的背羽，参差生长着青色、紫色的光亮羽毛，肩部、颈部、腹部的羽毛是纯白的，尾巴长长的翘起，像一把美丽的扇子。

弟弟呢?从头到尾都是黑漆漆的，从嘴到爪也是一片灰暗，它蹲在树上就像是一个被废弃的蚂蚁巢穴。

哥哥整天欢喜地唱歌，行动敏捷，非常爱美，所以它的巢总是筑在最高的树顶，编织得非常细致精巧，以致常被其

小故事中的人生智慧

他的鸟侵占。

弟弟整天悲哀地哭泣，动作迟缓，对生活没有什么希望，所以它的巢随便用树枝胡乱地堆在枝丫上，是所有的鸟里最陋劣的巢。它还常常安慰自己："我哥哥筑那么美丽的巢有什么用呢?最后还不是被鸠霸占，我的巢丑得没人要才安全呢!"

哥哥受到人们的欢迎，认为它一出现总是带来喜庆，原先都叫它"乌鹊"，后来就叫它"喜鹊"了。

弟弟受到人们的厌恶，认为它是不祥的鸟，一现身就会被人驱赶，被称为"乌鸦"。乌鸦常在夜里哭泣，每次想到从前不听母亲的话培养开朗的心胸便悔恨不已，所以常常飞回去看母亲，带一些食物给母亲吃。因此，人们才说："慈乌反哺，乌鸦虽然不祥，但它唯一的优点是孝顺，所以不要杀乌鸦，只要赶走它就好了。"

喜鹊和乌鸦两兄弟常在森林里见面，每次见了，哥哥总是劝弟弟："弟弟! 嘻呀! 嘻呀! 嘻呀!"

而弟弟就会向哥哥哭诉："哥哥! 哀呀! 哀呀! 哀呀!"

滴水
藏海

有人说这世界对于乐观的人，是一场喜剧，对于悲观的人，是一场悲剧。

乐观的人能用理智来约束自己，他知道世界虽然不如想象中那样美好，但也不是坏到不可救药，乐观的人是永远随

遇而安，奋斗不懈的！

悲观的人则比较喜爱感情用事，凡事他总往坏的一面去想，他认为世界不进则退，因此只要人类稍一堕落，他就忧心忡忡，寝食难安！

有一个笑话说乐观的人发明飞机，悲观的人发明降落伞。我们的世界就是有这么两种人，才能维持太平。所以无论是乐观还是悲观，只要不过分，都可为人类带来幸福！

那一刻，快乐来临了

> 没有毫无苦味的快乐。
>
> ——谚语

从前有一位富翁，名字叫顾影。

顾影虽然非常有钱，却常常自怜，他可怜自己空有钱财，却从来没有体会过真正的快乐、全然的快乐。

顾影常常想："我有很多钱，可以买到许多东西，为什么却买不到快乐呢？如果有一天我突然死了，留下一大堆钱又有什么用呢？不如把所有的钱拿来买快乐，如果能买到一次全然的快乐，我死也无憾了。"

于是，顾影变卖了大部分家产，换成一小袋钻石，放在一个特制的锦囊中，他想："如果有人能给我一次纯粹的全然的快乐，即使是一刹那，我也要把钻石送给他。"

顾影开始旅行，到处询问："哪里可以买到全然快乐的秘方呢?什么才是人间纯粹的快乐呢?"

他的探询总是得不到令他满意的解答，因为人们的答案总是庸俗而接近的：

"你如果有很多的金钱，就会快乐。"

"你如果有很大的权势，就会快乐。"

"你如果拥有得越多，就会越快乐。"

因为顾影早就有了这些东西，却没有快乐，这使他更疑惑："难道这个世界没有全然的快乐吗?"

有一天，顾影听说在偏远的山村有一位智者，无所不知，无所不通。

他就跑出村找那位智者，智者正坐在一棵大树下闭目养神。

顾影就问智者："智者! 人们都说你是无所不知的，请问在哪里可以买到全然快乐的秘方呢?"

"你为什么要买全然快乐的秘方呢?"智者问道。

顾影说："因为我很有钱，可是很不快乐，这一生从未经历过全然的快乐，如果有人能让我体验一次，即使只是一刹那，我愿把全部的财产送给他。"

智者说："我这里就有全然快乐的秘方，但是价格很昂贵，你准备了多少钱，可以让我看看吗?"

顾影把怀里装满钻石的锦囊拿给智者，没有想到智者看也不看，一把抓住锦囊，跳起来，就跑掉了。

顾影大吃一惊，过了好一会儿才回过神来，大叫："抢劫呀！救命呀！"可是在偏僻的山村根本没人听见，他只好死命地追赶智者。

他跑了很远的路，跑得满头大汗、全身发热，也没发现智者的踪影，他绝望地跪倒在山崖边的大树下痛哭，没有想到费尽千辛万苦，花了几年的时间，不但没有买到快乐的秘方，大部分的钱财又被抢走了。

顾影哭到声嘶力竭，站起来的时候，突然发现被抢走的锦囊就挂在大树的枝丫上。他取下锦囊，发现钻石都还在，一瞬间，一股难以言喻的、纯粹的、全然的快乐充满他的全身。

正当他陶醉在全然的快乐中的时候，躲在大树后面的智者走了出来，问他："你刚刚说，如果有人能让你体验一次全然的快乐，即使只是一刹那，你愿意送他所有的财产，是真的吗？"

顾影说："是真的！"

"刚刚你从树上拿回锦囊时，是不是体验了全然的快乐呢？"智者又问。

"是呀！我刚刚体验了全然的快乐。"

智者说："好了，现在你可以给我所有的财产了。"

智者一边说一边从顾影手中取过锦囊，扬长而去。

小故事中的人生智慧

滴水
藏海

希尔提的一番话为这个故事做出了最完美的诠释：

真正的喜悦是什么?只有饱受痛苦的人才了解，其他人所知道的，不过是与真正的喜悦毫无共同之处的单纯快乐。甚至可以说，这些人连真正的喜悦都忍受不了。

同样，靠着人类的力量达到的极点——所谓"无忧无虑的幸福"，这种太平日子，通常不是有善良本性及非凡个性者伸展的地盘。

多数的人如果能在适当的时候体验到许多不幸，则随着个人资质的提升，或许便能成为更高尚的人。

"你有芥菜种子吗?"

人生的幸福与欢乐原本没有积极的意义，有积极意义的反而是痛苦。

——叔本华

从前，在舍卫国有一个名叫瞿昙弥的少女，她相貌端正、身材苗条，后来嫁给一个年轻的富翁，生了一个聪明可

爱的儿子。

从世俗的眼光看，瞿昙弥是非常幸福的，但是，不幸却突然降临到她身上，她的儿子刚学会走路的时候，因为突发的事故死掉了。

瞿昙弥为此痛苦不已，她整天抱着死去的儿子跑来跑去，到处请教别人可否救治她的独子，而她遇到的人都表示爱莫能助，后来有一个人介绍她去见佛陀释迦牟尼，那个人说："听说佛陀有世上最好的药，说不定他能救活你儿子！"

于是，她就跑去求佛陀："佛陀呀！听说您有可以救活我儿子的药，请您发发慈悲，救活我的孩子吧！"

佛陀说："好吧！我可以救活你的孩子，但是你必须先去要一些芥菜种子来，这些芥菜种子必须来自没有任何亲人死亡的家庭！"

瞿昙弥听了大喜过望，便沿街敲门询问："你们家有芥菜种子吗？"

每一家都说："有呀！我们家有芥菜种子。"

"那么，你们家有没有任何亲人曾经死亡呢？"

每一家都说："有呀！自从先祖以来，我们家有无数的人死亡，死去的人比还活着的人还多呢！"

她挨家挨户地问，每一家都很乐意帮助她，只是她却找不到一户从来没有亲人去世的家庭，天色渐渐晚了，站在街头疲惫不堪的瞿昙弥终于明白："在这个世界上，不是只有我的儿子死去，任何人家都有亲人过世！而且，不管

小故事中的人生智慧

任何人家，死去的人总是比活着的人多呀！"

瞿昙弥的悲伤随着夕阳沉落了，她悟出"有生必有死"的道理，因此她擦干眼泪，就在城外把儿子埋葬了。

她回来见佛陀，对佛陀说："芥菜的种子到处都有，却找不到一户不死之家！"

佛陀说："瞿昙弥！现在你终于明白，所有的众生都会死亡，而且在欲望尚未满足之时，死亡就夺走了人的生命！"

滴水
藏海

最糟的情况莫过于当痛苦、失望乃至危机来临时，找不到一个摆脱的办法。我们有种种逃避的方法——饮酒、放纵毫无意义的嗜好，或者干脆没精打采地转悠以消磨时光。

我们必须让自己站起来重新向前走。因为我们身体中的每一个细胞都是为了在生命中奋斗而安排的。生命是一枝越燃越亮的蜡烛，是一份来自生活的礼物，是一笔留给后代的遗产。

怎样学会站起来重新走？怎样战胜内疚、忧伤、失败带来的疲惫而热爱生活？怎样坚持到光明重新来临？怎样才能到达那个时刻——在绝望中仍能够说："也许，我能再试一试？"

请记住八种方式：

把自己请进生活；

原谅自己，也原谅别人；

恢复自尊；

回到众人的世界；

伸出手去帮助别人；

相信奇迹；

定下心来做该做的事情；

学会感谢。

远行的鸽子

不妨体味辛苦所留下来的东西！苦难的过去就是甘美的到来。

——歌德

两只鸽子在温馨的亲情中生活，其中一只鸽子厌倦了平庸的家居生活，它像着了魔似的渴望到远方去旅行。另一只鸽子劝说它："你干吗非去不可呢?离别是十分痛苦的，你情愿离开自己的弟兄?这真太残忍了。旅程千辛万苦、充满危险，而且令人忧虑，这些望你三思。此外，天气越来越凉，等到明年春暖花开时再去吧。我想现在旅行会十分危险，什么老鹰、罗网啊，我还得惦记你，远方是否下雨了，我弟兄的必需品都齐全吗?晚餐怎样，有安全的住宿地

小故事中的人生智慧

吗?……"

一番话，虽劝动了这位冲动的急于旅行者的心，但想出去闯闯，见世面的思想还是占了上风，它回答道："别流泪了！顶多三日我就能完成这次旅行。我很快就会回来，给你——我的弟兄描述我的见闻，这会让你解闷的。我要是什么也没看到，就说不出个子丑寅卯来。但我想我会到许多奇怪的地方，遇到许多新鲜事，等我回来告诉你就如同你身临其境一般，我相信我所说的旅行会使你十分向往的。"

说完这番话，它俩流着泪分手了。

想做旅行家的鸽子展翅高飞着，这时，一片乌云夹着大雨向它袭来，鸽子不得不到附近唯一一棵大树下躲雨。尽管有树叶遮挡，但鸽子还是遭到了暴风雨的袭击。雨过天晴，冻得全身麻木的鸽子抖动着双翅又启程了，它要晾干自己湿漉漉的身体。这时，它一眼瞧见田边撒着一些麦粒，旁边还站着一只鸽子。饥肠难耐的它飞了过去，却被网扣住了。这可是引诱飞禽上钩的诱饵啊。幸亏网很旧，被困住的鸽子用翅膀扑腾，用爪子撕扯，用尖嘴啄，终于把网撕扯开来，挣扎之中掉了几只羽毛。但厄运却还在等着它，一只凶恶的、嘴厉爪锋的秃鹫远远地就看到了这只命运不济的鸽子，只见它拖着残网如丧家之犬。就在秃鹫俯冲之时，另一只老鹰伸展着双翅，斜刺里窜了出来，鸽子趁两强争食之机逃了出来，它惊恐地逃向一座破旧的房子。

它想自己这下可找到一块安定的绿洲了。谁知一个淘气

的孩子（这个年龄的孩子是不懂得怜悯的）正拿着弹弓在等着它，瞄准了就是一下，糟了！几乎把不幸的鸽子打了个半死。鸽子只好自认倒霉，垂着双翅，拖着伤爪，一瘸一拐惨兮兮地飞到了家中。谢天谢地，它总算活着回到了家。

两只鸽子重逢了，在饱尝了种种痛苦经历后，它们对幸福的字眼将会理解得更加深刻。

滴水
藏海

苦难是幸福的母亲。

理由：橡树经过暴风雨的打击，它的根可以扎得更深；生铁经过烈火的锻炼，可以更容易被锤成钢片！

许多的苦难、折磨，我们一时看不出它们的好处，然而等到有一天，当我们面临类似的痛苦折磨时，我们却可以凭借曾经有过的磨炼更坚强地去应对它们。

明日的光荣基于今日的困苦，这个世界上本就少有一帆风顺的事情！

凭什么峰回路转？

如果我们没有经历危难而得胜，就不是光荣的胜利。

——科内尔

小故事中的人生智慧

有这么一位冒险家，身揣着古老的护身符来闯荡世界，碰运气。

他与一个骑士结伴而行。路上他们看到一根柱子，上面张贴着一张布告：来探险的老爷，如果您想一睹游侠骑士所没见过的事物，您可以趟过这条河，并一口气把一尊石像扛到这座高耸入云的山顶。

骑士没有足够的勇气和信心，他说："假如这条河水又急又深，即使我们能够游过去，如何能够背着石像上山呢？这是多么令人发笑的荒唐行动！有能耐的人靠自己的本领背着石像还能走几步山路，但要一口气扛到山顶，这可不是肉眼凡胎之人所能做得到的，除非这尊石像只是用一根木棍就能挑得起的早产侏儒儿。现在这个样子去冒此风险，万一扛不动，还有何面子可言？这张布告只不过是戏弄探险的骑士，把我们当孩子耍的骗人玩意。如果你不信我的话，你去背这石像，我可不再奉陪了。"

爱推理的骑士告辞而去，而我们这位探险家却横下心来跃入河水中。湍急的河水没能拦阻他，根据布告提示，他爬上对岸后看到一尊卧地石像，他扛起石像一口气走到了山顶，然后看到一个广场和一座旧城。忽然，石像发出一声大吼，旧城里的百姓全副武装，紧急出动，令任何一个没见过这架势的冒险家都会望风而逃，而这位冒险家不但不逃，反

而准备英勇厮杀。出人意料的是，这队兵马不但没有为难他，反而宣布冒险家为他们的君主，接替死去的国王。

滴水
藏海

即使在事业濒临绝境时，只要有临危不乱、力挽狂澜的信心，只要意志坚定，抱着必胜必成的信念，就一定能激发出潜力来攻克难关，进而挽回劣势，转危为安。

很多人把"危机"解释为"危险"加上"机会"，所以危机就是转机!

不过，并不是"危机"必然就是"转机"，你如果只是呆坐在那里等"转机"，那么只有死得更快而已!

"危机就是转机"是有条件的。

人生本来就充满机会，有些机会是送上门来的，有些机会则要靠你去寻找，总之，机会是无处不在的。当"危机"发生时，你也许失去了本来所掌握的机会，但却面对了更多的机会，所以说"危机就是转机"基本上是没错的。然而你必须不被刚刚发生的危机打倒才行，被危机打倒，失去了斗志，你怎能去寻找并掌握新的机会?怎能创造"转机"?其实你是具有令人惊异的潜能的，这些潜能在安逸的日子不会出现，但一受刺激，便会源源涌出。因此人在危机之中，如果保有旺盛的斗志，便会激发出自己的潜能，这种背水一战的生死搏斗，力量最是惊人，于是乎，转机出现了。

小故事中的人生智慧

善恶同舟

当困难来访时，有些人跟着一飞冲天，也有些人因之倒地不起。

——托尔斯泰

当大洪水淹没地球的时候，所有的动物都成双成对地逃上诺亚方舟。

"善"知道大洪水快来了，也急急忙忙跑到诺亚方舟前，却被拒绝上船。

"依照规定，只能一对一对地上船，才能繁衍子孙。"

"善"着急地跑回市镇，寻找可以和自己配成一对的对象。

好不容易，"善"找到了"恶"，一起登上了方舟，当他们上了方舟，自己也吃了一惊，因为坐在方舟上的是：美与丑、是与非、好与坏、情爱与仇恨、欢喜与悲哀、开心与沮丧……他们都将一起逃过世界末日。

因此，不管经过多少个世界末日，有善的地方必定会有恶，这世界永远是祸福相依的。

滴水藏海

　　在你享受生命中的喜悦、美好、友善的同时，危机与挫折也会时刻考验你、锻炼你，你的人生旅程不可能永远顺畅，在每个人降生到这个世界以前，就似乎注定了要背负起经历各种困难折磨的命运。但与我们所付出的代价比起来，一生的收获仍是丰盈的。

　　懂得人生意义的人往往不喜欢平稳凡庸的生活，而有胆量去尝试一些困难的、冒险的，但却有内容、有意义的生活。因为他们知道，当困难克服了，险境过去了，才会尝到一些人生的真味，他们才会真正懂得人生的苦是怎样的苦法，乐又是怎样的乐法，贫穷的滋味怎样，失恋的滋味如何，而他们最大的收获却往往是成功的快乐。

何必草木皆兵

　　不要为明天忧虑，明天自有明天的忧虑。一天的劳苦，一天承受就够了。

——《圣经》

小故事中的人生智慧

野兔在自己的洞穴中冥思苦想，这也难怪，在洞中除了想问题，黑乎乎的还能做什么呢？它感到烦躁忧郁，有一种莫名的恐惧感。它叹息道："天生胆小是多么痛苦，这样不仅吃不到好东西，还要时常提防遭受袭击，不能感受到真正快乐的滋味。我就是这样生活的，该死的恐惧总是搅得我不能安寝，即使睡着了，眼睛也还是睁得大大的。"

一只聪明的兔子建议说："你必须改变这种生活态度。"

"恐惧能消除吗？我想其他动物也可能像我一样，时常担惊受怕。"野兔得出了上述结论，并时刻警惕地环视周围。它机敏多疑地捕捉一丝微风，一点阴影，不放过任何可疑之物，风吹草动，草木皆兵。

野兔又陷入了沉思，一点轻微的响动惊醒了它。它疾步往兔窝跑，经过池塘时，只见青蛙飞快地跃进池中，深深地潜入水里。

"哦，我也能让其他动物像我一样惶恐不安，使蛙池时时充满警报！竟然还有别的动物见我也望风而逃，我是个战士了！我搞清楚了，世界上再胆怯的人，也会找到一个比自己更胆小的人。"

滴水
藏海

如果人能不去担忧明日之事，该有多么幸福！人类就是因为不可避免地对未来尚未发生的事耿耿于怀，才会有那么

多的苦痛、烦恼。

恐惧和焦虑会使我们的内心产生不和谐，造成严重的心理失调及生理疾病，如果我们的内心重复出现恐惧，我们就会越来越怕引发我们所恐惧的事物。我们应该在被恐惧征服之前先征服恐惧，何必让明天的忧虑，再加深今天的痛苦呢?的确，一日的烦忧，由今天一天来忧烦已经足够，何必再让自己为明天受苦呢?

即使信心不强的人，也无须为吃什么、喝什么、穿什么而烦恼，人类的各种基本需求，必将得到满足。如果我们能培养积极的心态，并且发展出健全的心智，就能够战胜恐惧和焦虑。应在一日之内结束今日的辛劳，新的一天有新的方法解决新的烦恼，以这个原则来生活，会使你成为一个每天都充满朝气与活力的人!

虚荣的名种狗

> 人不可为了荣华与虚名给自己招来危险。
>
> ——伊索

两只骄傲的纯种狗吃饱了，就任性地撒起野来。它俩试图碰碰运气，就出发到外面去旅行，并沿着牧场荒凉而人迹罕至的地方一直朝前走去。这里根本就没有路，有的只是岩石山峰和断壁悬崖。两只狗随心所欲去攀登，骄傲放肆地显露出自己的贵族身份。它们离开了平坦的草地，四处寻找着好运气。走着走着，在一座桥上，两者相遇了。只见一条小河欢快地流过，横在它俩中间，而河上搭了块木板可能就算是桥吧。估计两只黄鼠狼才可以勉强从木板上并肩走过。桥下水深流急，两只狗看了不禁发抖害怕起来。尽管桥窄难以擦肩通过，但为了保全各自的面子，一只狗还是把脚踩上了木板，而另一只也走了上来。就这样一步一步地逼进，脸对脸，傲气十足，双方谁也不退缩，都为自己高贵的出身放不下架子。由于两只狗各不相让，结果全被撞到桥下，跌入了湍急的水中。

滴水
藏海

在我们追寻好运的路上，这样的故事真是司空见惯，屡屡发生。

为了爱美，很多女人到整型医院割双眼皮、隆鼻、隆胸、丰臀……结果大半弄巧成拙，不但破坏了自己本来的容颜，还使身体得了不少病痛，爱虚荣反被虚荣害，夫复何言？

文人为了追名逐利，会努力写作；军人为了缔造战场上的功勋，能视死如归；冒险家为了创造世界纪录，肯冒别人所不敢冒的险……虚荣心有时也可以激励人勇往直前，这是善用虚荣的好处。

但是，常人却被自己的虚荣心所役，而做出一些可笑的事情，这真是误用了虚荣的后果!

三个圣人的道路

名利，人类没有它就无法生存，可是它带来的错误竟跟它带来的真理一样多。

——歌德

三个有着高尚道德的人十分渴望得到解脱，追求永远的幸福。三个人在同一思想的指导下，各自选择了不同的道路，朝着共同的目标前进。这三位暗自较劲，各走各的路。

第一位圣人亲眼见到财产诉讼过程中人们焦虑的心情和案子的久拖不决，对此深有感触。自愿担任法官审理案子，并不计任何报酬。审理案件时，他乐善好施，从不聚敛钱财。自从制定了法律以后，人们由于自己的罪恶，把人生一半的时间花费在打官司上，他却花了一生中的四分之三的时间，甚至是一辈子去审案断案。这位法官还以为自己能够彻底根除人类这种疯狂而令人厌恶的欲望呢。

第二位圣人选择了医院。有些病人给这位可怜的看护找

小故事中的人生智慧

麻烦。病人心情抑郁，烦躁不安，个个抱怨不止："他特别照顾张三、李四，因为这些人是他的朋友，却把我们搁在一旁不闻不问！"这些抱怨比起那位法官所处的困境来说，简直不算什么。因为没有一个诉讼人感到满意，当事双方都不服从判决，他们觉得法官的判决从来都不公正。类似的说法使法官心灰意懒，无奈，他跑到医院去找看护。

因为两人整日听到的都是抱怨和责难，他们内心感到十分痛苦。于是只得辞职，结伴来到寂静空幽的林子里倾诉心中的烦恼。陡峭的岩石下，泉水清澈见底，在这密不透风的好地方，他俩遇见了第三位圣人，于是向他求教。

这位朋友说："自己要认真总结经验，谁能比你们自己更清楚自己需要什么？上帝告诫每一个人，首先需要学会认识自己。你俩是不是已经在生活过的世界里认识了解了自己？看来只有找到一个宁静的地方认真思索才能找到答案，到别处去找寻幸福将是糊涂之至。试想，你们把水弄浑，还能看清自己的面目吗？来，你俩把这水搅浑吧！"

"和我们前面提到的清澈的泉水相比，搅浑的浊水就像是片厚厚的云。"

第三位圣人接着说："我的兄弟，只有让水静下来，你们才能看清楚自己，为了更好地认识自己，我劝你俩还是留在这远离尘世的僻静之地吧！"

这两位圣人相信了隐居者的话，接受了上述有益的劝告，和第三位圣人一起过起了隐居的生活。

名誉和利益常搅得人们不知所措，因而，不能正确地把握自己，也不能正确认识其他人。

郑板桥功成名就后，曾写道："名利竟如何，岁月蹉跎，几番风雨几晴和，愁水愁风愁不尽，总是南柯。"表现了一种不使自己沉溺于名利得失的通达，何等逍遥自在！

劳动之魅

不工作者不准食。

靠你额头流汗而食。

——《圣经》

干活和受累，这是创造财富的本钱。

有一个富裕的农人，在感到自己将不久于人世的时候，便不让旁人在场，把孩子们都召到自己跟前，说："你们千万不要卖掉家产和土地，那是祖辈留下来的，地里埋着财宝，我不知道确切的位置，你们只要发奋挖掘，就一定能成功，秋收后你们就去翻地，挖、锄并用，每个地方都别落下。"

父亲说完便死了，孩子们根据遗嘱把地里翻了个遍，折腾了一番。一年过去了，财宝没有找到，不过地里的收成比往年要好得多。他们终于悟出了父亲临死前暗示的道理，那就是劳动创造财富。

滴水
藏海

自古人类就得靠劳动来换取米饭，不努力便没有饭吃。可以说额头流汗是一种义务，也是一种责任。因此十分自然地，人类便必须靠不断地工作方能生存。

对于那些不是用自己血汗挣来面包的人来说，就无法感受到那份收获的成就感；相反，那些通过自己双手辛劳工作的人在享受面包的同时，其实也享受了他们丰硕的精神食粮。

能真正了解劳动的意义，才能体会到面包的价值。

有所失的老人

人生应有两个目标：一个是把你所要的东西弄到手，另一个是享受已经到手的东西。懂得这第二个方法的人是最聪明的。

——史密斯

一位正直的老人在酷热难当的天气里亲手耕犁他的土地，亲手把纯净的种子播撒进松软的地里。

忽然，在菩提树的宽阔树阴下，一个神的幻象出现在他的面前！老人非常惊讶。

"我是所罗门，"这个幽灵用亲切的口吻说，"你在这儿做什么，老人家？"

"如果你是所罗门，那你还问什么？"老人回答说，"在我童年的时候，你叫我到蚂蚁那儿去，我看到它们的所作所为，从它们那里学会勤奋和积蓄。我从前学到什么，我现在就要做什么。"

"你只把功课学会了一半，"幽灵说，"再到蚂蚁那儿去一次，还要从它们身上学会在你生命的冬天里去休息、去享受自己的贮藏。"

滴水
藏海

人生的智慧有两种：获得财富和享受财富。懂得前者的人不多，懂得后者的就更少了。

我们常猜想，富有的人是快乐的。我们也猜想，如果我们有钱，就会有更多时间做真正想做的事。但是，如果我们能说服自己，我们就只赚这么多，不要再那么辛苦地工作，我们的余生将永远是假期，永远是蜜月期。

小故事中的人生智慧

人们拥有财富之后，会产生许多复杂的问题，个人的时间不会增多，只会减少。仅仅管理金钱、看管金钱和投资，就要花许多时间。事实上，有钱已成为一种身份，度假则被视为在浪费赚钱时间，能免则免。在海滩上躺一个小时，却少赚 1000 元，怎么值得呢?有了钱，时间会被绑住，而不是拥有更多的自由，钱会困住人们。其实，有意义地享受财富带给我们的闲暇与幸福是很重要的，因为它是我们向世界显示我们成功的一种载体。

谁偷走了鞋匠的歌声?

> 财富带给某些人的只是让他们担心失掉财富。
>
> ——克雷诺夫

一个补鞋匠从早到晚哼着歌，他的曲调明快动听。他的快活也感染了别人，听到这歌声，人们的心情都欢快起来。他比古希腊七圣人中的任何一位都要心满意足。鞋匠有个财主邻居，却与鞋匠恰恰相反，极少唱歌和睡觉。他把钱缝到衣服衬里中还担心丢失，有时到了黎明才昏昏入眠，可鞋匠的歌声又把他闹醒。财主于是抱怨老天爷，怎么不像售食品饮料那样也出卖些睡眠给自己呢?

　　这天，财主让人把那个正在哼歌的鞋匠请到自己的家里，问道："格里古瓦先生，我想知道您一年能挣多少钱?"

　　"一年?说真的，老爷，"快乐的鞋匠用愉快的声调回答，"我可不用这种方式计算收入。我也不是天天可以赚到钱的，只要能混到年尾也就可以了，过一天算一天。"

　　"是这样吗?那你一天能挣多少钱?"

　　"时少时多，倒霉的事也不是没有，要不然收入还相当可观。主要是一年中总有些日子要歇工。人们一过节我们可就惨了，真是有人欢乐有人愁。可本地神父在布道时还在不断地公布新的圣人纪念日。"

　　财主见他如此憨厚，就笑着对他说："我今儿个要让你像当上国王一样。来，把这 100 块钱拿去收好，今后会派上用场的。"

　　鞋匠这时仿佛看到这是 100 年里生产出来的全部财富一般。他回到家里，把钱藏在地窖里，不知不觉地，把欢乐同时也埋藏了起来。自从他得到这笔令他劳神忧愁的钱以后，他便失去了往日愉快的歌喉，也失去了睡眠。忧虑、怀疑和惊吓常来骚扰他。他的眼睛瞪得大大的，夜晚稍有动静，就会心慌意乱，他甚至以为连猫也会偷他的钱。最后，这个可怜的鞋匠不得不跑到那个已不再被他歌声吵醒的财主家里，对财主说："把我的歌声和睡眠还给我，呐，这 100 块钱你拿回去吧!"

小故事中的人生智慧

滴水
藏海

　　爱钱的人很难使自己不成为金钱的奴隶。多数人在有了钱之后，会时时刻刻为保存既有的和争取更多的钱而烦心，难以找回快乐的心境。倒是当人们在尚未富有的时候，对"如果自己有钱，该是何等快乐"的想象，感到最为快乐。有了物质享受的人，势必要放弃许多精神上的自由和快乐。

有时，钱与石头无异

> 金钱有如肥料，撒下去才有用处。
>
> ——培根

　　财产的拥有是为了享用，而守财奴的爱好却只是占有钱财，而不去使用，试想一下，他们和贫民相比，好在哪里呢?古希腊哲学家狄瑞纳的生活清贫但很幸福，而守财奴过的却是乞丐般的日子。伊索指给人们看的那个埋藏财宝的人，就很能说明这个问题。这个不幸的人有一笔钱舍不得用，埋在地下了，他的心仿佛也埋了进去，他不需要其他消遣打发时光，唯一的快乐就是想那笔财富。他认为钱财只有

越想才越有价值，因而也就舍不得花。他总怕钱财被人偷走，吃不好，睡不安，没事总在那转悠，日子一久被一盗墓贼发现，这人料到此地肯定有宝物，于是不声不响地把它盗走了。第二天早晨，守财奴发现钱财不翼而飞，顿时捶胸顿足，号啕大哭，痛不欲生。一个过路人问他为何哭得如此伤心，他抽泣着回答"有人偷了我的财宝"。

"你的财宝，埋在哪里被偷走的？"

"就在这块石头旁边。"

"哎，现在是什么日子，难道还是兵荒马乱的年月？你干吗把财宝埋得这么远？当初你把它放在自己的保险柜里岂不是太平无事？况且随时取用也方便呀。"过路人很惊奇地说："随时取用？上帝啊！难道我用得着贪图这一丁点方便？你没听说过，用钱容易赚钱难吗？我是从不动它一根指头的。"

过路人笑了："既然你从不动这笔钱，那你就在这里埋一块石头，把这块石头当成你原来的钱财，因为这对你来说是一样的。"

滴水
藏海

钱原来是为人类解决生存问题的工具，现在，钱是人的负担、人的问题。我们不需要投资专家，我们需要的是彻底地解开心头的钱结。

其实，钱的增值是钱的主人运用才智的结果，不靠钱赚

小故事中的人生智慧

87

钱的人才是此道高手，不论他们赚的是薪水，还是服务费，靠智慧勤奋工作的人不会对未来充满恐惧与惶恐。把注意力从钱上转移出来，才可能重新使生命与希望结合，我们都应该看清楚这一点，不要迷恋不已地去钻钱的牛角尖。

12 字箴言

不要想到什么就说什么？凡事必须三思而行。

——莎士比亚

从前有一个国家，丰足安乐，应有尽有，什么都不匮乏。

这个国家的国王就想："我国好像什么都不缺少，应该派一个聪明的大臣，到外国考察，买一些国内没有的东西回来。"

于是，国王派了一个大臣到外国去，这个大臣名叫"尽见"，他是个博学多才的人。

尽见带着国王给他的 500 两黄金，走过许多国家，每到一个国家就到商店市集去看，所看见的全是自己国家原来就有的东西，因此，走了几个国家，一件东西也没买。

有一天，尽见来到一个海边的国家，看到一位白胡子的老人，坐在市集里，手里没有拿东西，面前也未摆放着货

物，一动不动，一言不发。尽见感到很奇怪，就上前询问：
"老先生！您是在这里卖东西吗？怎么没看见您的货品呢？"

老人说："是呀！我在这里卖智慧。"

尽见又问："您卖的是什么智慧？价钱是多少呢？"

老人说："我卖的是人生的智慧，价值 500 两黄金，但是你必须先付钱，我才会卖给你。"

尽见心想："这真是稀奇的事呀！我国并没有卖智慧的人，也没有价值 500 两黄金的智慧，我买回去，国王应该会很高兴的。"

于是，他就把 500 两黄金付给老人。

老人说："我卖给你的智慧是 12 字箴言，在人生所有的重要时刻都用得上，那就是——

缓一缓

再生气

想一想

再行动

你现在觉得这 12 字箴言没有什么，有一天你就会发现它的珍贵了。"

尽见听了，有点不悦，觉得自己花 500 两黄金只买到 12 个字，好像不划算，但是已经买了，只好怏怏地回国了。

回到国内已经是夜晚，月明星稀，他怕吵醒家人，便蹑手蹑脚地走过厅堂，走到卧室前面时大吃一惊，因为床前摆了两双鞋子。

小故事中的人生智慧

他心想："难道在我出使外国的日子里，妻子竟与人私通！"

他立刻拔出随身的宝剑，想一剑刺入帐中，脑海里突然浮现出刚买到的12字箴言："缓一缓，再生气；想一想，再行动。"他口中念念有词。

这一念，惊醒了帐子里的母亲，问道："是尽见回来了吗？"

原来，自己在出使期间，妻子生病了，因此母亲过来照料，晚上睡在一起。尽见听了母亲的话，吓出一身冷汗，提着剑跑到院子里自言自语："太便宜了！真是太便宜了！"

尽见把买12字箴言的原委，告诉了母亲，说："我原来以为买贵了，现在才知道得了便宜。母亲和妻子，是无价之宝，就是一万两金子，我也不会卖，今天却靠着500两黄金买来的智慧之言而得以保全她们的生命，这不是太便宜了吗？"

滴水
藏海

"三思而后行"这句话带给人们无尽的启示。

凡事须三思而后行，否则后悔莫及。

人为万物之灵，却仍免不了有七情六欲。处事应谨言而慎行，切勿感情用事而铸成大错。

人类往往率性而为。一旦发现自己做错事时后悔却已于事无补。这些错在生活中不断地恶性循环，人类便永远过着悔不当初的日子。

"后悔乃平日大意所致"，所以在日常生活里就应养成谨慎的习惯，适当地控制自己的情绪，并有效地掌握身边事物出现的始末，如此生活才有意义。

救大火的小鹦鹉

> 凡事下决心后就不要犹豫不决，只有自动自发才能贯彻决心。
>
> ——纪德

有一只小鹦鹉，在飞回家的路上，看到一片青翠的森林，就飞进森林里玩耍。

森林里的动物，看到美丽的小鹦鹉，都跑来和它打招呼，与它玩耍。比较大的动物不但不欺负它，还对它很热情，就像对待自己的兄弟姊妹一样。

小鹦鹉感觉到这个森林的动物非常友善，就开心地住了下来。

住了一阵子，小鹦鹉开始想念起家人来，心想："这个森林虽然美好，终究不是我的家。"

于是，小鹦鹉向森林中的动物道别，大家都依依不舍。

回到家的小鹦鹉，偶尔飞过森林，还是会飞下来拜访从前的老朋友。

有一天，这座森林发生了大火，熊熊的烈火包围了整片森林，鸟兽全部陷在里面，无法逃命。

小鹦鹉在远远的地方看见了，立刻飞到森林里救火，它飞到溪边将自己的羽毛沾湿，再飞到森林上空，把翅膀上的水洒到森林里。

来来又回回，小鹦鹉飞了几百趟，它的动作引起了天神的注意。

天神问它说："喂！小鹦鹉，你为什么如此愚笨，这场森林大火，焚烧何止千里！难道你想用翅膀里的几滴水把它浇熄吗？"

小鹦鹉一边流着眼泪，一边不断地向林中洒水，并对天神说：

"我也知道非常困难，可是我从前住在这座森林里的时候，林中的鸟兽都非常仁义善良，对待我就像亲兄弟一样，如今它们在受苦，我不忍心坐视不管。我一定要把大火扑灭，即使拍断翅膀，也不会停止。"

天神听了非常感动，说："让我来帮你吧！"

于是，天神吹了一口气，化成一阵大雨，大火很快就熄灭了。

　　凡事一旦下了决心后，就不应再胡思乱想，或对所下的决心存疑；否则不仅会耽误你所应该付诸行动的正事，有时候甚至会使你整个计划都成泡影！

　　决心是种义无反顾的心态，它完全是个人的自发行为。一个人行事的成功与否大部分依赖于其决心的坚定与否和实际的作为。所以下决心时的犹豫不决及行动时的模棱两可，都是我们获取成功的大忌。

小志砍大树

> 斧头虽小，但多次砍劈，终能将一棵坚硬的大树伐倒。
>
> ——莎士比亚

　　有一个瘦弱矮小的人，名字叫小志，立志要造一间宽大坚固的房子。

　　屋瓦、墙壁、柱子都没有问题，唯一的问题是，他需要一根巨大的屋梁，这种巨大的树只有深山里的森林才有。

　　这个矮小的小志，就拿着一把小小的斧头，到深山里去

小故事中的人生智慧

找最大的一棵树。

好不容易找到一棵参天的大树，他就用小斧头开始砍树，由于大树非常坚硬，每一斧头只能砍下很少的木皮、木屑，而且，斧头的刃口很快就钝了。他找到一块石头将斧头磨利，继续砍树，不久，斧头的刃口又卷了起来，小志只好下山到铁匠铺去磨斧。

铁匠铺子里的人，都知道小志要砍大树盖房子，不但没有鼓励他，反而嘲笑他。

"你这斧头这么小，你的力气又这么小，恐怕树还没有砍倒，人就老了。哈！哈！哈！……"

"是呀！你在深山里砍树，现在你下山磨斧头，等回到山上，树皮早就长好了。嘻！嘻！嘻！"

"对呀！搞不好，被你砍的地方不但没有受伤，树还因为太舒服，鼓了起来哩！咻！咻！咻！"

大家一边说一边笑，甚至笑得喘不过气来，有的人还笑得倒在地上打滚呢！

小志不为所动，他很有志气地说："你们尽管笑吧，我只相信一个道理，已经被我砍掉的部分不需要再砍，只要我继续砍，剩下的部分会越来越少，最后没有可砍的部分，大树也就倒了。"

等斧头磨利了，小志又扛着小小的斧头，上山去砍那棵很大很大的树。

斧头的刃口又卷了，小志再回到铁匠铺子去磨得锋利，

上山继续砍树。这样，一次又一次，大树的缺口越来越大，剩下的部分越来越少，铁匠铺子里的人，看到小志人小志气高，再也不敢嘲笑他了。

有一天，大树终于被小志砍倒了，铁匠铺子的人不但为他热烈鼓掌，还关上店门，上山合力将那棵大树运下山，帮小志上了梁。

小志终于建造了一间大房子。

滴水
藏海

英国的史学家汤恩比花了20年的时间完成全10册的巨著《历史研究》，而梁实秋先生则前后用了40年时间把《莎士比亚全集》的中译工作完成。这两位中外学者，他们治学的秘诀无他，恒心而已矣！

很多人碌碌一生，毫无成就，究其原因，无恒心是最大的弊病！

荀子《劝学篇》中说："骐骥一跃，不能十步；驽马十驾，功在不舍。"这和"龟兔赛跑"的故事讲的道理一样，有恒心的人一定会取得最后的胜利！

小故事中的人生智慧

追 鸟 人

> 顽强的毅力可以征服世界上任何一座高峰。
>
> ——狄更斯

有一个捕鸟人，在湖上架了一张网，在网中放了一些食物用来捕鸟。

众鸟看到网中有食物，都来争食，并且呼朋引伴来吃网中的食物，捕鸟人看到来了许多鸟，立刻在岸边收网。

没有想到网里的鸟，一起振翅飞去，一飞冲天，向湖外的树林飞去。

捕鸟人立刻跟着空中飞鸟的影子追去，苦苦追赶，旁边不明就里的人就问他：

"你到底是为了什么事，跑得这么快？"

捕鸟人指着天上说："我正在追逐天上的那群鸟呢！"

问的人抬头一看，鸟已经飞到很远很远的地方，只剩几个小点，忍不住劝他说："鸟在天上飞得那么快，你在地上跑得这么慢，怎么可能追上呢？你这不是愚蠢的行为吗？"

捕鸟人说："你看那些鸟虽然飞得高、飞得远，但是它们并不同心，只要太阳一下山，鸟群就会各自回家栖息，那

96

时四处乱飞，鸟网就会掉下来。所以，只要它们不飞出我的视线范围，我迟早可以捕到它们。"

捕鸟人说完，继续跟着群鸟的方向追踪。

天色渐渐晚了，鸟群也飞得累了。

有的鸟想飞向树林，有的鸟想飞向山涧。

它们一边振翅飞翔，一边争吵着要去的方向。最后，它们哪里也去不成了，一起连网子落了下来。锲而不舍的捕鸟人，终于捉到了那些鸟。

滴水
藏海

毅力，像一把开山的斧子，在成就事业的道路上，它能披荆斩棘，逢山开路，遇水架桥。毅力，能使渺小变得伟大，使艰难变得顺利；使落后跃为先进，使失败跃为成功；使贫穷成为富有，使虚幻成为现实。毅力，就是坚韧不拔、百折不挠的努力，就是永无休止、锲而不舍的奋斗。蚂蚁搬丘、精卫填海，靠的是毅力；愚公移山、水滴石穿，靠的也是毅力。一个没有毅力的人，成功将永远与他无缘。

当然，毅力是决不会与生俱来的。只有在与艰难困苦的顽强搏击中，毅力才会萌生。

一蹴而就的事自古无有。能渡过惊涛骇浪、远涉重洋到达彼岸的，必然是毅力顽强的水手，而绝不会是吟风弄月的游客。

如果狮子真的出现

> 如果你是懦夫，你就是自己最大的敌人；但如果你是勇者，你就是自己最大的朋友。
>
> ——弗兰克

一个爱吹牛的猎人，刚巧丢失了一只名贵的狗，他怀疑可能是狮子把它吃进了肚子里。当他看到一个牧人时就问他："你能否告诉我，那只把我的狗偷吃了的狮子住在哪儿?我非要出了这口恶气不可!"

牧人回答说："就在这座山的附近，我每个月都要缴给它一只绵羊做献礼，这样，才能保证自己能够自由自在地在田野中穿行，而且还能保证得到安宁和休息。"正当他俩说着话的时候，狮子从洞穴里出来了。它轻松地抖着鬃毛一溜小跑过来，爱吹牛的猎人见状立刻撒腿便跑，边跑边喊道："啊! 朱庇特，赶紧告诉我一个藏身之地吧! 快让我逃出这鬼地方吧!"

对一个人勇气的真正考验，就是看他在危险来临时的表现。这个猎人在危险未到时，大谈自己如何敢于冒险，然而一旦感觉到危险的存在，他却马上不吭一声，并且溜之大吉。

你一定要有勇气，否则，你不会有目标。如果失败了，也要用勇气增强自己的力量，坚定自己的信心。

勇气意味着你可以同那些能与你分享勇气和力量的朋友谈自己的希望、自己的痛苦。它意味着走出自己的内心世界，把勇气给予他人。它要求悔过自新，重整旗鼓。勇气不仅需要你认识自己的力量，而且需要你与你的弱点言归于好。即使在你面前荆棘丛生，你也要不懈地追求你的目标。

勇气意味着你领会出一种期待感在催促你。你在探索追寻自我未被压抑的一种特质。你的希望不是被动的，你内心的动力催促你前进。

朱哈的领悟

人家的窃窃私语与你何干?……让人家去说长道短，要像一座卓立的塔，决不因为暴风雨而倾斜。

——但丁

朱哈带着儿子，赶着毛驴到市场去。半路上，他对儿子说:"你走累了，骑上毛驴吧。我就走在你的身边。"

人们聚集在一起，笑了。他们指着朱哈的儿子，说:"这是个不孝之子，他自己骑毛驴，却让他的爸爸在他的身边走!"

儿子对爸爸说:"你骑驴吧。我在驴子旁边走。"

朱哈说:"好吧，孩子。"他骑上了毛驴，儿子走在他身边。

人们又聚集在一起笑着，指着朱哈说:"朱哈真是个硬心肠的人。他一个人骑毛驴，而让他那弱小的孩子在地上走!"

朱哈说:"孩子，你听到人们的议论了吗?和我一块儿骑吧。这头毛驴驮得动我们俩。"他俩骑着毛驴走了一会儿，一群人又围观了起来，说:"一个大人和他的孩子两人骑一

头瘦弱的毛驴，真稀奇！唉，这头瘦弱的毛驴多可怜啊！朱哈，你真是个狠心肠的男人呀!"

朱哈便对儿子说："孩子，我们别骑毛驴了，都下去赶着毛驴走吧。"

他俩下来，走在毛驴身边，这时，人们惊奇地击掌说道："这两人真傻，有毛驴不骑，要在地上走!"

孩子对人们的议论感到诧异，说："你们这样说真使我们无所适从。无论我们怎样做都受到你们的责备，没有什么称你们心的。要怎么做才能使你们满意呢?"

他看看爸爸，发现他正在出神地思考，便问："爸爸，你在想什么?"

朱哈回答："从人们的做法中我学到了一课。一个人应当做那些他明知是正确的事，而不要去介意人们的讽刺、挖苦、奚落和嘲笑。使众人全都满意，这是一个达不到的目标。"

滴水藏海

我们应该学习对别人的意见（常是主动提出的意见）如何取舍并使之与自己内在的声音融合在一起。太依赖别人的看法，会使你对自己的动机过度怀疑。即使他人的意见最后证实是对的，即使你的冒险行动并不如你想象的成功，你的勇气还是有收获的。因为你因此得到经验，变得更明智，而且知道自己无须得到别人的认可就能依自己的想法行事。

小故事中的人生智慧

而对待不合时宜的建议，最好的态度就是虚心接受，泰然处之。

　　今天就开始顺乎自然吧——选择自己的路，做独特的自己。

更大的房子

> 　　知足是财富，是思想的财富，谁能得到这笔财富，谁就得到了幸福。
>
> 　　　　　　　　　　　　　　——德莱顿

　　一位智者到乡间拜访朋友，他的朋友住在一栋非常豪华的别墅里，可以说它是附近城乡最美丽的房子。

　　那个拥有豪华房子的朋友闷闷不乐，智者问他："你怎么了，什么事使你不快乐？"

　　朋友说："难道你没有看到对面刚盖起来的新房子吗？"

　　智者往窗外一看，果然看到了一栋巨大的花岗岩别墅。

　　朋友说："自从对面盖了这栋豪宅，我失去了所有的快乐，你不能想象我的人生有多么悲惨。我从清晨起床到夜晚入睡，都会看到那栋房子，甚至做梦也会梦到，我经常会从噩梦中醒来！"

智者说："这就奇怪了，你依然住在同一栋房子里，而你从前是那么快乐，你的快乐和悲惨与你的邻居有什么关系呢?如果你现在被邻居的豪宅折磨，你的邻居也可能因为你从前的大房子忍受了长久的折磨，他把房子盖得比你的豪华，正是对你的报复呀!"

他们正交谈的时候，对门的邻居来访，邀请他们共进晚餐。

智者立刻就答应了。

但朋友说："喔! 不行，我晚上还有一个约会，我太忙了!"

等邻居走了，智者就问朋友："你一点也不忙呀! 你晚上有约会吗?"

朋友说："不，我晚上没有约会，我也不忙，但是从今天起我就要忙起来了。在我还没有盖好一栋比他的房子更大的房子前，我不可能走进他的房子，你等着瞧，等我盖好一栋更大的房子，我会走进他家，邀请他来和我共进晚餐。"

滴水藏海

只有知足的满足，才是永久的满足。

人都是永远不知道满足的，都希望能拥有比现在更好的东西，这是人性的弱点之一。

也就是说，人心中的欲望深似海，无穷的欲念，盘踞在世人的心底。

凡事应该适可而止，切莫过度。做人当认清自己本身所

103

处的现状，满足既有的一切。

世人若能有此知足的心境，即使在现实生活中贫困不堪，精神生活却必定富足。拥有知足之心，必能跳开现实生活的窠臼，热烈迎接崭新的未来。贫穷不会成为罪恶的渊源，生活中亦不再出现自暴自弃的人们，有的只是积极乐观的精神。

许多人因无法满足现状、欲求强烈而招致失败，例如赌博、赌马等皆为此种心理下的产物。唯有知足常乐，认清自己的本分，才能成为人生的大赢家。

良弓尽毁

> 无边的欲望的诗篇往往被占有所扼杀，获得的事物难得同梦想符合。
>
> ——巴尔扎克

一个人有一张出色的由黑檀木制成的弓，他用这张弓射得又远又准，因此总是爱不释手。有一次，他仔细观察它时，说道："你稍微显得有些笨重！外观毫不出色。真可惜！——不过这是可以补救的！"他思忖："我去请最优秀的艺术家在弓上雕一些图画。"他去了，艺术家在弓上雕了一幅

完整的行猎图，还有什么比一幅行猎图更适合这张弓的呢？

这个人充满了喜悦。"你正应配有这种装饰，我亲爱的弓！"——一面说着，他就试了试，他拉紧了弓，弓呢——断了。

滴水
藏海

一个简单的真理：你不能什么都要。

有这样一句话：你可以有你想要的"任何东西"，但你不可能有你想要的"一切"。

承认你可以有你想要的任何东西，但不可能有你想要的一切，是一种对事物"平衡"的看法。持此看法，有两个明显的好处。

第一，我们可能挑选我们"最"想要的东西，然后用我们全部精力、热情、资源去追求它。

第二，采取平衡的观点，我们就能放弃所拥有的——虽然拥有更好——但不如我们的大梦想重要的所有东西。

知道自己最想要什么，放掉其余一切——都是财富的重要成分——开始于一个简单但痛苦的领悟：你可以有你要的任何东西，但你不可能得到你想要的每一件东西。

小故事中的人生智慧

小小心安草

> 凡事皆不要过度。
>
> ——索伦

有一天，一个国王独自到花园里散步，使他万分惊奇的是，花园里所有的花草树木都枯萎了，园中一片荒凉。后来国王了解到：橡树由于自己没有松树那么高大挺拔，因此轻生厌世死了；松树又因自己不能像葡萄那样结许多果子，因而也死了；葡萄哀叹自己终日匍匐在架上，不能直立，不能像桃树那样开出美丽可爱的花朵，于是也死了；牵牛花也病倒了，因为它叹息自己没有紫丁香那样芬芳。其余的植物也都垂头丧气，没精打采，只有一棵小小的心安草在茂盛地生长。

国王问道："小心安草啊，别的植物全都枯萎了，为什么你这小草这么勇敢乐观，毫不沮丧呢？"

小草回答说："国王啊，我一点也不灰心失望，是因为我知道，如果国王您想要一棵橡树，或者一棵松树、一丛葡萄、一株桃树、一株牵牛花、一棵紫丁香等等，您就会叫园

丁把它们种上，而我知道您对我的希望就是要我安心做一株小小的心安草。"

滴水
藏海

我们在衣食住行方面无不在内心深处与别人攀比。但为了要过上更好的生活，无论何事皆应依自己能力而定，做到适可而止，切勿过度。

想达成各种愿望，方法不外勤奋读书或卖力工作，但凡事仍要量力而为。欲望过度易招致犯罪，过度的工作或读书则耗损体力，影响身体健康。

孔雀的苦衷

> 没有一个人能完全地拥有幸福。所谓幸福，是在于认清一个人的限度并安于这个限度。
>
> ——罗曼·罗兰

孔雀向王后朱诺抱怨。它说："王后陛下，我不是无理取闹来申诉纠缠，您赐给我的歌喉，没有任何人喜欢听，可您看那黄莺小精灵，它的歌声婉转而甜蜜，独占春光，出尽风头。"朱诺听它如此言语，严厉地批评道："你赶紧住嘴，你这善妒的鸟儿，你看你脖子四周，是一条如七彩丝绸染织而成的美丽彩虹；当你款款行走时，舒展华丽的羽毛，让人们见到了色彩斑斓的珠宝。以你如此的美丽，你难道还好意思去忌妒黄莺的歌声吗？和你相比，这世界上没有任何一种鸟能像你这样受到别人的喜爱。一种动物不可能具备世界上所有动物的优点。我们分别赐给大家不同的天赋，有的天生长得高大威猛；有的如鹰一样勇敢，隼一样敏捷；鸡可以司晨，犬可以看家，乌鸦则可以预告征兆。大家彼此相融，各司其职。所以我奉劝你别再抱怨，不然的话，为了惩罚，你将失去你美丽的羽毛。"

滴水
藏海

在这个世界上，像孔雀一样看不到自己美丽羽毛的人有多少呢？

当一个人能够分辨出哪些事物必须严格要求，哪些可以适度而止，甚至得过且过，无需强求时，就会发现，在令自己和旁人更轻松自在外，还可以集中能量，把真正重要，真正有价值、有意义的事情做得更好。

否则，只是盲目和习惯性地要求完美，结果只会让自己身心俱疲，当然也不能令事情如己所愿。

从自信喜乐的神情，以及虽不奢华但却是亮丽独特的装

扮，我们可以知道人是真正懂得如何珍爱、善待自己的智者。

不幸只缘一根钉

为大于其细。

——老子

一个商人在市场上赶上好生意，所有货物都卖完了，钱包里装满了金子和银子。他现在要回去，想在天黑之前赶到家。他把钱包装在旅行袋里，放在马上，骑着走了。

中午，他在一座城里休息，他又要走的时候，仆人把马牵到他面前说："主人，马的左后脚的铁掌缺了一颗钉子。"

商人回答说："让它缺着吧，我只要再走6个钟头，铁掌一定不会掉的。我很忙。"

下午他又下了马，叫仆人喂马。这时，仆人到栈房里来说："主人，你的马左后脚缺一块铁掌。我是不是把马牵到铁匠铺里去钉一只？"

主人回答说："让它缺着吧，还剩不几个钟头，马一定能够坚持住。我很忙。"

他骑着走了。走了一会儿，马开始跛行；跛行未久，就开始颠扑；颠扑未久，就倒下去，折断了一条腿。商人只得让马躺在那里，解下旅行袋，扛在肩上，步行回家，夜里很晚才到家。他自言自语地说："所有的不幸都是那根可恶的钉子搞出来的。"

滴水
藏海

如果这个商人肯多停留一会儿，为他的马钉上那根钉，就不会招致最后的结局。

大事往往是因为芝麻小事而引起的。小事情也往往会导致大事件的发生。举一个普遍的例子来说，火灾往往是由小火星酿成的。即使有一丝疏忽，也会引发大事件，所谓"百密一疏"便是这个道理。因此，无论大事小情，皆需三思而后行才好。

原本极为隐秘的事，却因为一时疏忽而说溜了嘴，以致"祸从口出"。"大事乃由小事而起"、"大事因大意而起"等等皆为此类的成语。我们往往以为只是小事一桩，不会变成大事，于是将机密告诉他人，还千叮咛万嘱咐要他不要泄露，但这往往是我们犯下的致命错误。

正因为是小事，更应该提高警觉，这便是"为大于其细"足以警诫世人之处。

当幼狮长成雄狮

怠小事者，必失大事。

——西班牙谚语

相传很久以前，豹王曾得到很多战利品，在它的草地上有许多牛，平原上则养有一些羊，丛林中还有很多鹿。就在这时候，邻近的森林中出生了一头小狮，于是豹王就召大臣狐狸进宫商量这件事。狐狸大臣可是个老谋深算、随机应变的角色。豹王对它说："你肯定很害怕我们的邻居小狮子，可它的父亲已经过世，它又能成什么气候呢？我们还是发慈悲可怜可怜这不幸的孤儿吧！它所遇到的麻烦已经够多的了，它还有什么能力去征服别人？它能保住它继承的产业就该给神灵烧高香了。"

但狐狸听了这话却不以为然地摇了摇头："陛下，这种落难的孤儿一点也不值得我们去怜悯，趁它牙齿没长全，爪子没磨利，还不能伤害我们前，我们赶紧和它拉关系，否则就派人把它害死，这可是不能耽误的大事啊！我曾观察过小狮子的星相，明白它将在格斗厮杀中茁壮成长，它将是狮子中的佼佼者，一头勇猛无比的狮子。"可狐狸的话全白讲了，

111

豹王竟在它劝说谈话间打起了呼噜，其他一些王公大臣们也都昏昏欲睡。就这样，这头小狮在没有任何威胁的情况下，长大成了一头英俊潇洒，有一头鬃毛的大狮子。

警报传到了豹王的耳朵中，也传遍了它的领地。狐狸大臣被紧急召进王宫出谋献策。只见狐狸叹了口气，无可奈何地说："事到如今，陛下干吗要发这么大的火气呢？即便众将相助也难以奏效，指望邻国，则援军多开销大，它们在吃我们的羊时才称得上英雄。

"要哄住狮子，因为只凭它独自的力量，已大大超过了我们的兵力。这头狮子具备三个方面的优势，就是力量、勇敢和谨慎。快献上一只羊在它的面前，如嫌不够，再多献上几只，外加一头牛。挑出牧场最肥的牛羊，献上一份厚礼，只有这样，才有可能保住王国的生命财产免受侵害。"

狐狸大臣的建议最终没有被采纳，于是事态急转直下，豹王的邻国相继沦陷，没有一国能取胜，个个都家破命送。不管豹王如何力挽败局，它所害怕的局面成了现实，狮子终于坐上了王座。

滴水
藏海

即使身处和平安逸的时候，也别忘了为未来可能发生的战乱做准备。

处于安逸，便忘了思危，这是一般人的通病。人性或

许就是如此好逸恶劳吧!

　　然而，和平未必会久长，战乱未必永远不再，因此，别忘了居安思危!

　　事实对于不善于为自己将来做打算的人而言，的确是相当残酷的。他们往往将和平视为必然，认为战乱、纠纷永远不会再来，乃至事到临头，却已于事无补。

　　在日常生活中，平时即应为可能发生的灾难或紧急事件做周全的准备。例如防止火灾要先买火险、防台风应在平时检修房屋、为自己老年的生活费做准备等等，皆是如此。

救命一滴水

不去小利则不得大利。

——《吕氏春秋》

　　从前有一个贪财的人，他有数不清的土地和金钱。一个夏天的下午，他去寻找埋在田野里的宝藏。一路上，他口渴得要命。好不容易遇到一个卖柠檬水和利口酒的商贩，一问价钱，又觉得太贵了。

　　他自言自语地说："这太贵了，我要快点赶路，等找到宝藏后回到家里去喝水，这样就一点儿钱也不用花了。"

他继续赶路，口渴不停地折磨着他，等到了埋藏宝藏的地方，他已经渴得快要死了。

等他挣扎着把宝藏挖出来时，已经不能动弹了。他把金子放在面前，向苍天哀求把它们变成一滴水给自己解渴。可是，唉！他已经死了。

滴水
藏海

人死了，再多的宝藏又有何用处？

拘泥于微小的利益，就无法成就大事业。

独具慧眼的人，决不会把视野局限在眼前的小利上，而是用极有远见的目光关注未来。

想成就大事业，就不该拘泥于蝇头小利。对为人处世来说，这可称得上是一句金玉良言。

盾牌的两面

> 为小事而生气的人，生命是短促的。
>
> ——迪斯累利

两位武士偶然在树林里相遇了，他们同时看见树上的一

面盾牌。

"呀！一面银盾！"一位武士叫起来。

"胡说！那是一面金盾！"另一位武士说。

"明明是一面银制的盾，你怎么硬说是金盾呢？"

"你才强词夺理，那明明是一面金盾！"

"我们俩素不相识，你把银盾说成金盾，是不是故意跟我过不去？"说罢，那看见银盾的武士手握剑柄，准备决斗。

"你才是故意与我为敌，明明是金盾，偏偏说成是银盾！"那看见金盾的武士"唰"地一声拔出剑来。

于是，两位武士在树林中拔剑出鞘，展开了惨烈的决斗，最后两人都受了致命的重伤。

当他们向前倒下的一刹那，才看清了树上那个盾牌，一面是金的，一面是银的。

滴水
藏海

我们常常为一些不引人注意，因而也是本应很快忘掉的微不足道的小事所干扰而失去理智。

我们生活在这个世界上只有几十个年头，然而却因纠缠于无聊琐事而白白浪费了许多宝贵的时光。试问时过境迁，还有谁会对这些琐事感兴趣呢？不，我们不能这样生活。我们应当把我们的生命贡献给有价值的事业和崇高的感情。只有这种事业和感情才会被后人一代代继承下去。

小故事中的人生智慧

为小事而生气的人，生命是短促的。

生气的时候跑三圈

生气，是拿别人的错误惩罚自己。

——康德

　　古老的西藏，有一个叫爱地巴的人，每次生气和人起争执的时候，就以很快的速度跑回家去，绕着自己的房子和土地跑三圈，然后坐在田边喘气。

　　爱地巴工作非常勤劳努力，他的房子越来越大，土地也越来越广。但不管房地有多广大，只要与人争论而生气的时候，他就会绕着房子和土地跑三圈。

　　"爱地巴为什么每次生气都绕着房子和土地跑三圈呢？"所有认识他的人，心里都感到疑惑，但是不管怎么问他，爱地巴都不愿意明说。

　　直到有一天，爱地巴很老了，他的房地也已经太广大了，他生了气，拄着拐杖艰难地绕着土地和房子，等他好不容易走完三圈，太阳已经下山了，爱地巴独自坐在田边喘气。

　　他的孙子在身边恳求他："阿公！您已经这么大年纪

了，这附近地区也没有其他人的土地比您的更广，您不能再像从前，一生气就绕着土地跑了。还有，您可不可以告诉我您一生气就要绕着土地跑三圈的秘密?"

爱地巴终于说出隐藏在心里多年的秘密，他说："年轻的时候，我一和人吵架、争论、生气，就绕着房地跑三圈，边跑边想自己的房子这么小，土地这么少，哪有时间去和人生气呢?一想到这里，气就消了，把所有的时间都用来努力工作。"

孙子问道："阿公!您年老了，又变成最富有的人，为什么还要绕着房子和土地跑呢?"

爱地巴笑着说："我现在还是会生气，生气时绕着房子和土地跑三圈，边跑边想自己的房子这么大，土地这么多，又何必和人计较呢?一想到这里，气就消了。"

滴水
藏海

愤怒是我们身上的一种伤害力极强的自残武器，我们如果要泄怒，那它更易伤害我们。它来势迅猛，因为你给了它生命。你说它必要吗?我认为不。但是生活中要是没有它，没有不平，没有消极的情绪，生活就不是真正的生活。也许，这些消极的情绪就像红灯一样告诉你停止、观望、倾听——观察自己，记住自己的目标，超越愤怒。

人们怎么去克服这种愤怒呢?

每个人应该记住他自己的内心世界一半是失败的感觉，一半是成功的感觉，因此，他必须自己寻找解决的方法。成功意味着超越失败和愤怒的能力。

正如爱地巴生气时围着房子和土地跑步一样，我们在生气时不妨照照镜子，看看自己愤怒的脸，或者散散步，或者给自己写一封长信。

想吃肥羊的乌鸦

如果一个人不过高地估计自己，他的自我价值就会比他自己所估计的要高得多。

——歌德

老鹰叼走了一只绵羊，一只乌鸦见到了立刻仿效它的样子。尽管乌鸦身单力薄，嘴却特别馋。它在羊群上空盘旋，盯上了羊群中最肥美的那只羊。这是一只可以用做祭祀的羊，天生是留给神享用的。乌鸦贪婪地注视着这只羊，自言自语地说道："我虽不知你是吃谁的奶长大的，但你的身体如此丰腴，我只好选你做我的晚餐了。"说罢，乌鸦呼啦啦带着风直扑向这咩咩叫着的肥羊。

绵羊可不是奶酪，乌鸦不仅没把肥羊带到天空，它的爪

子反而被羊卷曲的长毛紧紧地缠住了，这只倒霉的乌鸦脱身无术，只好等牧人赶过来逮住它并被投进了笼子，成了孩子们的玩物。

滴水
藏海

我们可以从上述故事中得出如下结论：做事必须量力而行，小偷学大盗，结果更糟糕；别人的成功方法可能会导致你的失败，这就如同细腰峰能穿过蜘蛛网，小苍蝇却只能束手就擒一样。

有句话叫"凡事不为已甚"，意思也是说：凡事要量力而为。

为什么要羡慕或忌妒别人的成就呢？

这个世界上没有十全十美的人，也没有十全十美的事。

只要尽力做好你分内的事，并在个人岗位上不断有创见和贡献，那么也就可以问心无愧了！

王子与苦行僧

人生最重要的事情，就是在懂得何时该抓住利益之外，还懂得何时该放弃利益。

——迪斯累利

小故事中的人生智慧

一位伊斯兰教的苦行僧，他自得其乐地过着清苦的生活，并希望借此升入天堂。

有一次，他遇见了一位他认为是世界上最富有的王子。这位王子在郊外扎了一座帐篷供自己消遣娱乐。这座帐篷是用名贵材料制成的，就连固定帐篷的钉子，也是用黄金打成的。

那位经常宣传苦行好处的苦行僧，用了无数的言语批评这位王子，他说财富是毫无用处的东西，说王子用金子做帐篷钉是虚荣，还说人类的忙忙碌碌最终只能是一场空。苦行僧说，只有圣地才是最崇高、最庄严和永恒的，人们要是抛弃了财产，就能得到最大的快乐。

王子严肃地听着，并认真思考了一会儿，最后他拉着苦行僧的手说："对于我来说，你的话就像太阳的光芒，就像傍晚清新的微风。朋友，和我一起走吧，伴我登上朝圣之路吧！"

王子连头也没回，没带一文钱和一个仆人，就上了路。

苦行僧非常惊讶，在后面边追边喊："殿下，请告诉我，您真的考虑好了要去朝圣吗？如果真去，请等等我，让我带上我的斗篷。"

王子和蔼地笑着说："我抛弃了我的财富、我的马、我的黄金、我的帐篷、我的仆人、我的每样东西。可你回去仅

仅是为了取一件斗篷?"

"殿下,"苦行僧惊奇地说,"请您解释一下,您为什么能抛弃您的财产,甚至连那件王子穿的斗篷也不带上呢?"

王子用缓慢但坚定的语气答道:"我把金子做成的帐篷钉打入地里,却没把它们打入我的心里。"

滴水
藏海

清与浊的区别不在于拥有多少,而在于肯舍弃多少。只取需要的东西,把那些应该放下的果断地放下。不会放弃的人,永远无法获得。

欲有所得,必有所舍。这最能表现一个人的远大志向与抉择能力。干大事业的人是不会计较一时的得失的,他们都知道放弃,知道放弃些什么和如何放弃。生活中应该学会:放弃失恋带来的痛苦,放弃屈辱留下的仇恨,放弃心中所有难言的负荷,放弃费精劳神的争吵,放弃没完没了的解释,放弃对权力的角逐,放弃对金钱的贪欲,放弃对女色的迷恋,放弃对虚名的争夺……凡是次要的、枝节的、多余的,该放弃的统统放弃。因为放弃可以使你摆脱烦恼,放弃可以使你显得豁达豪爽,放弃可以使你赢得众人信赖,放弃可以使你轻装前进,放弃可以使你变得更精明、能干、有力量。总之,今天的放弃,是为了明天的得到。

戈迪阿斯之结

> 天才之人必须具有超人的性格，绝不遵循常人的思维和途径。
>
> ——司汤达

　　外地人来到弗里吉亚城的朱庇特神庙，都被引导去看戈迪阿斯王的牛车。人们都称赞戈迪阿斯王把牛轭系在车辕上的技巧。

　　"只有很了不起的人才能打出这样的结来。"有人这样说。

　　"你说得对，"庙里的神使说，"但是能解开这结的人，必须是更了不起的。"

　　"那是为什么呢？"参拜的人问。

　　"戈迪阿斯不过是弗里吉亚这样一个小国的国王，"神使回答说，"但是能解开他所打的这个奇妙之结的人，将把全世界变成自己的王国。"

　　自此以后，每年都有很多人来看戈迪阿斯打的结。各国的王子和武士都来试解这个结，可是总是看不到绳头在哪里，他们甚至不知从何着手。

　　几百年过去了。戈迪阿斯王已经死了很久了，人们只记

得他是打那个奇妙之结的人。他的车还在朱庇特的神庙里，牛轭依然系在车辕的一头。

后来，有一位年轻的国王，从隔海遥远的马其顿来到弗里吉亚。这位年轻国王名叫亚历山大。他征服了整个希腊。他曾率领为数不多的精兵渡海到过亚洲，并且在战斗中打败了波斯国王。

"那个奇妙的戈迪阿斯结在什么地方?"他问。

人们领他到朱庇特神庙，那牛车、牛轭和车辕都还是戈迪阿斯当时系在那里的原样。

"关于这个结，神使曾说过些什么?"他问。

"神使说，解开这个结的人必能把全世界变成他的王国。"

亚历山大仔细察看这个结。他也找不到绳头，可是那有什么关系?他举起剑来一砍，把绳子砍成了许多节，牛轭就落到地上了。

这个年轻国王说："我就这样砍断戈迪阿斯打的所有绳结。"

接着，他率领他那人马不多的军队去征服亚洲。

"整个世界都属于我的王国。"他说。

滴水
藏海

在工作上，唯有"创造"才能引起人们的注意。不管你所做的是哪一类工作，都不要模仿他人，不必非要按照前人做过的模式行事。应该用一种新颖的、别出心裁的方法做事。把你的"特殊性"显示给别人，表明你是不为先例所拘束的，你有你自己的计划。

你该立志，不管你在世界上成就大小与否。假使有成就，必须是基于创造本身的成就。不要不敢用新颖的、特殊的方式，显露你的面目。创造是力量，是生命！模仿是死亡！

一个青年人应当做的最聪明、最重要的一件事，就是在工作上要努力表现出真正的创造性，要在自己做出的每一件事情上，都显现自己品格的烙印，作为你"尽善尽美"的商标。假使你能这样做，你就具备了成就事业的"资本"。

沙漠绿洲

智慧的永恒标志就是从平常中看到神奇。

——爱默生

有一群人在沙漠中迷了路，正在焦急不已的时候，远远望见一个绿洲。

当他们走进绿洲的时候，又欣喜、又感动，原来这不是

天然形成的绿洲，里面种满了花果蔬菜、五谷杂粮，还养了许多牲畜。

一群人又饥又渴，便不客气地把园子里的蔬菜拔来煮了，将院子里的鸡煮来吃了。

他们一边吃一边议论纷纷。

一个说："这不会是做梦吧！或者是我们死了，到了天堂还不知道呢？"

一个说："这不是梦！而是一个奇迹，一定是我们平时笃信宗教，得到的示现呀！"

一个说："你们别傻了，这些泥土多么真实，而且这些蔬果有的掉落、有的凋零，这里不是天堂，也没有奇迹发生，一定是有一个农夫在这里耕耘呀！"

正在他们众口纷纭的时候，绿洲边的一间小木屋中，走出一位老伯伯。

原来这儿真的住了一位农夫。大家兴奋地迎上前去。

"老伯伯！这片绿洲是你耕耘出来的吗？"

老伯伯说："是呀！我在这里耕种已经很久了！"

那群旅行者中，有一个植物学家，他非常惊讶地问："请问，您是怎么在一片大沙漠里种出绿洲，而且让植物都长得这么好呀？"

老伯伯说："这一点也不稀奇呀！我从来也不觉得这里是一片沙漠啊！"

滴水
藏海

在哲学领域，各种哲学研究方法都有一个共同点，即"平常心，异常思"。

"平常心"指的是哲学所思考的问题都必须是与实际生活有关的问题，哲学家应以平常的心去对待我们在思想中提出的各种问题。

哲学思考虽然要怀着"平常心"，但却要"异常思"，这就是说，哲学所思考的虽然是一些很平常、很普通的问题，但是思考角度和方式却超凡脱俗、异乎寻常，这正是哲学思想方法的价值所在。

在现实生活中，我们也应用一颗"平常心"去感知，去发现，并善于突破常规的思维定式，这不但可以增强我们必胜的信念，也可以派生出无限的潜能与创造力，取得意想不到的结果，就像沙漠中的绿洲，令人叹为观止。

消失的种子

追两兔者一兔不得。

——罗马谚语

一粒榕树的种子，偶然落在地上。

种子抬起头来，看到自己的妈妈——一棵千年的榕树——昂然站立着，后面是一片广大的蓝天，更衬托出妈妈的巨大。

"妈妈！您怎么能如此伟大地站立在大地上呢?"种子问。

榕树充满慈爱地回答自己的孩子："这不是伟大，只是一种自然的生长呀！每一粒榕树的种子，只要健康就会自然而然地长大。我们吸收雨露阳光，接受狂风与闪电的考验，只要通过这些季节的考验，孩子，有一天你也会长得像妈妈一样高大。"

种子对自己生命的未来依然感到疑惑："但是，妈妈！我要如何才能像您那么挺拔?我该怎么做呢?"

"我的孩子，最重要的是，你必须要先消失，把自己完全地溶入泥土里。然后，你要努力发芽，变成一棵树。只要你变成一棵树，有一天你就能像我一样，享受蓝天、阳光与晚风呀！"

"妈妈！我要先消失，这是多么可怕呀！万一我消失，溶入土里，没有长成一棵树，反而变成一块泥土呢?那岂不是永远都要住在阴暗潮湿的土地里?这样太冒险了，还是让我保留一半，消失另一半吧！"

种子自己做了这样的主张，只选择了一半的消失、一半的溶入，它因自己这样保险的主张感到安心了。

榕树妈妈长长叹了一口气，她每年都会生出许多的孩子，却永远只有一两个孩子有勇气完全消失，从而长成大树。

不久，那颗偶然落下的榕树种子，开始腐化，终于变成泥土，完全地消失了。

滴水
藏海

一次想抓两只兔子的人，最后反而一只都抓不到。同样，同时做两件事，结果必定会一事无成，处事应专心一意才行。

有个喜好编剧的人，在他 32 岁那年曾得过最佳编剧奖，因此一直有个辞去现有工作、专心创作的愿望，但却因顾虑孩子的生活和将来而无法实现。

创作是非常需要时间的。白天上班已花费了他的三分之一的时间，如此要写出好的作品着实困难。何况他年龄渐长，体力更不胜负荷。

这位上班为主，编剧为副的朋友，最后只有放弃创作一途。

公司业务繁忙，文件堆积如山，但仍须一一完成。若想一次完成，结果必定一件事都做不好。将目标缩减为一个，达成一个目标，再处理下一个目标，循序渐进，工作必获佳绩。

石像的命运

> 人是环境的玩物。
>
> ——拜伦

　　从前，山里住着一个人，他有一尊巨大的石像，石像面朝下躺在门前的泥地里，他毫不理会。对于他来说，这不过是一块石头。

　　一天，一个城里的学者经过他家，看到了石像，便问这个人能不能把石像卖给他。

　　这个山里人听了哈哈大笑，十分怀疑地说："你居然要买这块又脏又臭的石头，我一直为没法搬开它而苦恼呢！"

　　"那我出一个银元买走它。"学者说。

　　山里人很高兴，因为他得到了一个银元，又搬走了石头，这使他的门前场地宽敞多了。

　　石像被学者设法运到了城里。几个月后，那个山里人进城在大街上闲逛，看见一间富丽堂皇的屋子前面围着一大群人，有一个人在高声叫着："快来看呀，来欣赏世界上最精美、最奇妙的雕像，只要两个银元就够了，这可是世界上顶尖的作品！"

小故事中的人生智慧

于是，他付了两个银元走进屋子去，想要一睹为快。而事实上他所看到的正是他用一个银元卖掉的那尊石像，可是他已无法认出这曾经属于他的石像了。

滴水
藏海

这或许应了那句老话："宝贝放错了地方就是废物"。人生也一样。也许我们在一个环境中被人认为一无是处，可是换一个环境，就有可能柳暗花明，发现自己的珍贵所在。其实人与人之间没有什么本质的区别，就像天空中的繁星，都有自己的位置，虽然有的灿烂，有的暗淡，但是只要换一个位置，我们就能发现星星各自的光辉。对于人生，最关键的有时是选准自己的位置。

把骆驼吊上楼

> 方法是从许多可能的办法中选择出来的一种常用的办法。
>
> ——克劳塞维茨

有人得了只死骆驼，弄到家里来剥皮。但那把屠刀因长久不用，钝得厉害。他想找块磨刀石磨磨，找来找去，终于

在楼上找到了。

磨刀之后，动手开剥。不一会，刀又钝了，他不得不上楼再磨。就这样，上楼磨刀，下楼剥骆驼，上上下下，不知折腾了多少次，他觉得太麻烦、太吃力了。忽然，他灵机一动。他嘲笑自己道："我真是个笨蛋！把骆驼吊上楼去，就着磨刀石磨刀，岂不省事得多？为什么先前我就没想到呢？"

为了磨刀方便，当然，也为了提高剥骆驼的工效，他真的把骆驼吊上楼去。

滴水
藏海

正确地做事比做正确的事更重要。

当你每天辛苦地工作，是否常觉得疲累而又厌倦？先放下手边的工作，静思一下，在安静默想中调整自己的步骤和方向，就会使你达到事半功倍的效果，也能更清晰地看到前面的路。

从母猫到新娘

习惯是所谓的第二天性，它会产生坚强的力量。
——有岛武郎

一个人爱他的母猫达到了疯狂的程度，他觉得这只猫娇小可人，优雅漂亮，连声声叫唤也充满了媚态与温柔。他是如此的痴迷，以致用眼泪、祈祷、魔法、巫术，使命运女神在一天早晨同意了他的请求，让他养的母猫变成一个女人。也就在这一天，疯狂的主人迫不及待地与她结了婚。这种疯狂的迷恋变成了疯狂的爱情。世界上最迷人的女人都不能像这位新娘一样，使她的新郎如此痴迷，他甚至感觉不出她是由猫所变的。

这天晚上，几只耗子来啃他们的寝褥，新娘马上爬了起来，但老鼠却已溜之大吉。待老鼠折返回来，只见新娘已经拉开了迎战的架势，遗憾的是，猫已变成了太太，老鼠根本不把她当回事，一点也不怕她了。

滴水
藏海

江山易改，本性难移，对由母猫变成的新娘而言，捉老鼠永远具有最大的诱惑力。岁月使我们的习惯成为自然，一切努力都难以改变它，这就如同水罐浸透了水，布料已经起了皱一般。要改变一种从小养成的习惯，真是难上加难，任你花费心思，也难扭转乾坤。对习惯这种东西，你就是把它关在房门外，它也会想尽办法钻进来。

富于创造性的观察者应时刻注意自己形成的习惯，时刻注意自己能够摒弃的习惯。因为我们时刻会有良习与恶习。清晨起床后刷牙就是良习，它既讲卫生，又使人感到舒畅轻

松。然而，有些习惯就是一种恶习。诸如：酗酒、抽烟、暴饮暴食。面对恶习，你要时刻警惕自己的想象，警惕侵蚀自我灵魂的想象。

真心朋友

> 一个真心的朋友就是一份最珍贵的财产，而我们却很少为了获得这份财产而操心。
>
> ——拉罗斯福科

在南非的莫诺莫塔帕王国，有两个真心的朋友，他们有福同享，有难同当。据说这里的人交朋友，比其他地方的人真心实意得多。

一天夜里，人们早已进入了梦乡，一个朋友突然从睡梦中惊醒，一骨碌从床上爬起来，径直朝另一个朋友家跑去，把他家仆人叫醒，因为他感觉梦神已迈进了朋友家的大门。

被吵醒的朋友非常惊慌，他穿起衣服，系好钱袋，全副武装，对朋友说："半夜来访一定是有急事找我，是不是赌钱输光了？我这里有钱你拿去。要是和别人吵架，我们一同去论理。我还有把利剑，如果需要你可以把它拿去。"

"不"，他的朋友回答说，"感谢你的热情与关心，我既不要钱也不要武器，我只是在睡梦中看到你有些悲伤，我担心你出了事，所以连夜飞奔赶了过来。这就是我半夜来访的原因。"

滴水
藏海

两人的情谊谁更深呢?这样的问题不难回答。一个真正的朋友能让你感到生活的美好，他的关心发自内心深处，他使你畅叙衷肠，倾吐心曲，只要事关朋友，哪怕是个梦，一件无足轻重的小事，他都会为你牵肠挂肚，寝食不安。

"朋友"一词应这样解释：当几乎所有人都离你而去时，仍留在你身边的那个人。

"友情，人人都需要友情，不能孤独走上人生旅程。要珍惜友情可贵，失去的友情难追……"这是过去一支流行歌曲《友情》的一段，它唱出了友情的真义，的确，人活着不能没有友情。

人是群居的动物，想做到遗世而独立是不可能的，因此对于人与人之间的友谊，我们又怎能不特别重视呢?

我国古代名士俞伯牙与钟子期、管仲与鲍叔牙、左伯桃与羊角哀……他们那种生死与共的友情，千载以来，犹流芳未泯，为可贵的友情留下了美好的见证!

朋友，你也有管鲍之交吗?

铁锅与沙锅

匹夫不可以不慎取友。友者，所以相友也。

——荀况

铁锅建议沙锅与它结伴旅行，沙锅委婉地说，最好还是呆在炉火旁，对它来讲，哪怕稍有点磕碰或不小心，就将粉身碎骨，变成碎片一堆。"与你比，"它说，"你要比我硬朗，没有什么使你受损。"

"我可以保护你，"铁锅说，"假如有什么硬东西要碰撞你，我会将你们隔开，使你安然无恙。"

沙锅终于被铁锅说服了，就与铁锅结伴上了路。两个三条腿的家伙一瘸一拐在路上行走，稍有磕碰，两口锅就撞在了一起。沙锅难受死了，走不到百步，还没来得及抱怨，就已被它的保护者撞成了一堆碎片。

滴水
藏海

择友要选择和自己趣味相投的人，否则我们将会落得像沙锅一样的下场。

有人说，择友不慎等于自杀，朋友除了要与自己趣味相投外，还要记住："勿交恶友，不与贱人为伍；须交善友，应与上士为伍"。

用心良苦的燕子

我们应该腾出头脑的一角，用以接纳朋友的意见。

——朱培尔德

一只燕子在飞行途中学到了不少知识，俗话说，行千里路读万卷书嘛。

这只燕子已能预见到常见的雷雨了，因此在暴风雨袭来之前，它能向航行在海上的水手发出警报。

播种的季节里，它看到农民在耕种，便对小鸟说："我看到了潜在的危险，我很同情你们。因为面对这种危险，我可以及早远远地躲开，到一个安宁的地方生活。可你们不行，你们看到在空中挥动的手，它撒下的东西，用不了多久就会毁掉你们，各种捕捉你们的工具都会出现，到处都是陷阱，你们不是身陷鸟笼，就是等着下油锅，反正都是死路一条啊！"燕子顿了一下接着说，"所以请你们相信我，赶快把那些该死的种子全吃掉。"

　　小鸟觉得燕子说的疯话十分可笑，因为大田里可吃的东西太多了，区区种子值得劳神吃吗？

　　转眼间，大田里长出了绿油油的苗，燕子着急地对小鸟说："趁还没有结出可恶的果实，赶紧把这些苗统统拔掉，不然的话，遭殃的是我们大家。"

　　"你这个预言灾祸的丧门星，别整天瞎唠叨!"鸟儿不耐烦听它的预报，"要知道，这样的差事没有上千只鸟是做不了的!"

　　庄稼就要成熟了。燕子痛心疾首地告诉小鸟："可怕的日子就要来到，至今你们还不相信我，一旦人们收割完庄稼，秋闲下来的农民将拿你们开刀，等待你们的是捕鸟的夹子和罗网。你们最好待在家里别乱跑，要么学候鸟飞到温暖的南方，可你们又不能越过沙漠和海洋去寻找其他的地方。你们最好找些隐蔽的墙洞躲起来。"

　　小鸟把燕子的忠告全当成了耳边风，于是悲剧真如燕子所预料的那样发生了。小鸟落得个悲惨的结局。

滴水
藏海

　　人们只听得进和自己看法一致的意见，只有当大难临头时才体会到"忠言逆耳利于行"的道理。

　　"良药苦口利于病，忠言逆耳利于行。"这句古谚将良药与忠言难为一般人接受的程度作了适当的比喻。

一般人总是爱听恭维，却不愿意接受别人的批评与建议。药苦难喝、忠言逆耳，这本是人之常情，但这两者却往往正是救人的良方。

"良药苦口"这句话可算是一句大家耳熟能详的座右铭了，只要你追溯小时候生病的记忆，就该知道母亲逼你喝下苦药的用心了！

然而，无论是良药或忠言，都必须是在双方都能理解的情况下才有效，否则一切都是徒然了！

中年谈婚

和而不同。

——《论语·子路篇》

有一个中年人，他的头上已出现白发，他认为这意味着他到了该考虑婚事的年纪了。他不缺钱，因此也就有了好好物色一番的资本。值得骄傲的是女人们都竭力想讨他的欢心，因此这位多情公子也就显得从容不迫，婚姻的确是一辈子的大事啊。

在他的心里，有两个寡妇最让他钟情，一个还年轻，另

一个则是半老徐娘，只是由于善于保养，弥补了岁月在她脸上留下的痕迹。这两个女人与他谈情说爱，眉目传情，对中年人恭维夸奖，还不时帮他梳理头发。年纪大些的经常把他头上残存的一些黑发一一拔掉，为的是使她与所爱的人更为般配。年轻的这个则恰恰相反，要把他的白发全部拔光。

一个脑袋怎经得起如此的拔法，不多时，那灰白的脑袋就开始谢顶，以至变得光秃秃的了。中年人疑心两个女人要弄他，便对两人说："美人儿，我要十分地感谢你们，你们俩让我脑袋秃成这样，权衡利弊，我现在才明白，我还敢谈什么婚事，我想娶的人总是用她的而不是我的生活方式来规范我。我的头现在是秃了，美人儿，不过你们俩给我的教诲却让我终生受用。"

滴水
藏海

虽说君子能和他人和平相处，不与他人随便争论，但是也不能草率地一再放低标准，丧失自己的见解，而与他人妥协。

两个人相处与交往，的确是重要的事。但是两个人的交心到了某种程度之后，就必须保持一定的距离，这也是十分重要的事。"和而不同"，就是这个意思。同时，这句话也可以解释为：不坚持自己的真正原则，与他人相交，最后一定会使自己感到疲惫不堪。要知道，肉体上的辛劳与精神上的疲劳并不相同。精神上疲劳的程度要比肉体严重得多，这是每一个人都应该了解的。但是，在现实生活中，人们却始终无法依照这个原则来做。也就是说，成为君子的这个必备条件，是一般人很难达到的。

如果双方都保持清醒，交往到某一个程度时，对方也会敏感地觉察到两个人之间差异的存在。如此一来，从这个时候起，两人的关系便有微妙的变化出现了。尊重的空隙亦由此产生。

就人际交往的艺术来说，绝不能不顾及自己的立场与人妥协，正确的做法是坚持立场，把握原则，这才是处世之道。

相遇于独木桥

> 处世让一步为高，退步即进步的根本；待人宽一分是福，利人是利己的根基。
>
> ——洪应明

有一次，在一根横在小溪上的狭窄木桩上，两只顽固的山羊正好相遇，两只羊同时走是走不过去的，总得有一只回转过去等着，好让出路来给对方先走。

一只羊说：

"你得给我让路。"

"怎么啦，去你的，好大的老爷架子!"另一只羊回答说，"你往后退! 我是先上桥的。"

"不行，老弟! 我年纪比你大了好几岁哩，要我让你这个还要妈妈喂奶的孩子，没有的事!"

它们连想都没有想清楚，就把额骨对着额骨，角对着角，细细的蹄抵在木桩上，打起架来了。

可是木桩是湿的，两只顽固的山羊一滑，就一起掉到水里去了。

滴水
藏海

"退一步海阔天空"的道理谁都懂，可是人们往往把它理解成了你"退一步"，我"海阔天空"。这都源于缺少对宽容的认知。

宽容是一个人修养的最高表现。古人常说："宰相肚里能撑船。"

能够宽容人，才能够降服人；反之，睚眦必报，对他人事事严苛的人，纵使他权势在握，别人亦只是嗤之以鼻。人生注定会有许多磨难和艰辛。人们需要谅解、支持、帮助和友谊。特别是在遭遇不测事件和意外变故的时候更是如此。如果每个人都能将心比心，多给别人一分尊重与爱抚，少一些白眼与冷漠，多给别人一分同情与温馨，少一些抱怨和隔

小故事中的人生智慧

膜，在人生的旅途上，彼此一道并肩，搀扶着前行，那该是怎样的情景啊！

人生有苦有乐有忧伤。人生路上，会有砾石泥块，需要人们共同清理；会有杂草荆棘，需要人们共同清除；会有坑坑洼洼，需要人们共同填平——人生之路，需要人们携起手来，共同去开拓和跨越。

"海纳百川，有容乃大。"包容是一种美。学会了包容，才会有博大的心胸，才会闪现出超凡的人格魅力，才能懂得人之所以为人的道理。

缺点皆在他人身上？

> 毋以己长而形人之短。
>
> ——洪应明

有一天，神王朱庇特说："所有动物听旨，如果谁对自己相貌形体有意见，今天可以提出来，我将想办法给予修正。"神王对猴子说："猴子过来，你先说，你与他们比，觉得谁最美，你满意你的形象吗？"

猴子回答说："我的四肢完美，相貌至今也无可挑剔，对此我十分满意。比较而言，我的熊老弟长相粗笨，它若相信我

的话，这辈子恐怕是不愿看见自己的模样了。"

这时，熊蹒跚地走上前来，大伙以为它会承认自己相貌不扬，谁知它却吹嘘自己外表威武，同时又去评论大象，说大象尾巴太短，耳朵又太大，身体蠢笨得简直没有美感可言。

老实的大象听了这番话，言辞恳切地回答："以我的审美观来看，海中的鲸要比我肥胖多了。而我觉得蚂蚁太小……"

这时细小的蚂蚁抢着说："微生物是那么的小，和它们比，我像是一个巨人。"

这些动物在宫中互相指责，却没有一个肯承认自己的不足之处，神王朱庇特只好挥手让它们退下。

滴水
藏海

像这些动物一样，人类在这一点上表现得甚至更加突出，看别人的表现，鸡蛋里能挑出骨头；看自己则是越看越顺眼。我们总是容忍自己却不去宽容别人，就像戴上了一副变色镜。万能的造物主给我们每人做了个装东西的褡裢，古往今来，人们总是习惯把自己的缺点藏在褡裢后面的口袋里，而把前面的口袋留着装别人的缺点。

不要为夸耀自己的长处而去形容人家的短处，也可以说，凡事须为人留颜面，莫使他人因此而丢脸。

每个人多少都有点自我主义，这点可说是人性的缺点之

小故事中的人生智慧

一。喜欢炫耀自己的长处，甚至提起他人的短处加虐人家以自娱。人类实在是残忍的动物。

唯有沉默，才是永久的美德，且为人所接受。在该沉默的时候沉默，方显得出自己的深度。适时的沉默能磨炼自己，更能发挥己长。

自己的优点固然值得自傲，但自傲应仅止于自傲，切勿起炫耀之心，对于他人的短处应视若无睹。过度的自傲，只会引起他人的憎恶。

人性中的确存在傲慢的特质，但应适可而止，否则只会为人所贬，永远无法得到他人的敬重。

富翁痊愈了

一句话说得合宜，就如金苹果在银网子中。

——箴言

过去，有一个富翁住在仰光。他的脾气很坏。有一次他生了病，却不愿求医看病。

后来，他的朋友请来一个大夫给他看病。

"哼，我才不吃他的药呢，"富翁说道，"这个大夫说话声太大啦。"

他的朋友又请了另外一个大夫给他看病。这个大夫说话温文尔雅，可是富翁却说："不，我不要他看，他太寒酸了。"

他的朋友又请了第三个大夫为他治病。这个大夫衣冠楚楚，谈吐文雅。

"把酬金拿去，"富翁不满地说，"我不打算听你的忠告。你看病太马虎啦。"

富翁体温显著升高，病情恶化，就此卧床不起。他的朋友急得团团转，不知该如何是好。

一天，一个从曼德勒来的大夫到仰光度假。富翁的好友得知，一起前来拜访他。

"请你救救我们的朋友，行吗？"他们恳切地说，"他的病很重，他的脾气很暴躁，又讳疾忌医。不过，也许由于你举止文雅，态度和蔼可亲，他会听从您的劝告的。"

年轻的大夫穿上最好的衣服，来看富翁。

"亲爱的大伯，"他彬彬有礼地说，"您今天感觉好些了吗？我相信您很快会痊愈的。"

大夫吩咐仆人拿些冰块，将它敷在病人的额头上。富翁顿时感觉舒服多了。

"您是否愿意让我开点药给您吃？"大夫问。

富翁默默地点了点头。

年轻的大夫在药中掺了一点蜜水。富翁报以微笑，慢慢地吞服下去了。

"啊，很甜。"他喝完药深深地吐了一口气，不一会儿，便安静地进入梦乡了。

富翁醒来后，感觉好多了，烧也退了。

其他的大夫问这位大夫，他是怎样给这怪老头治好病的。

年轻的大夫笑着说："好话有时比药更有用处。"

滴水
藏海

同样的情况，不一样的表达方式，往往有截然不同的两种结果。如何机智而得体地说出自己的想法，需要用心去考虑，需要用心去操练。

"我比你好"还是 "你比我好"？

"不要以恶报恶，以辱骂还辱骂；倒要祝福，让他人承受福气。"

——彼得

起初，鸟儿们互相不交朋友，彼此之间有着深仇大恨，要是一只鸟儿看见了别的鸟儿，它立即就会说："我比你好得多。"另一只会回答说："才不呢，我比你好得多。"然后

它们就打起架来。

有一天，野鸡碰见了乌鸦，恰好心情不错，不想吵架，它说："乌鸦，你比我好啊!"

乌鸦听了野鸡的话，不光是很惊奇，也很高兴，它很有礼貌地回答："不，不，野鸡，你比我好得多。"这两个鸟儿就坐下谈起话来。

然后，野鸡对乌鸦说："乌鸦，我很喜欢你。让我们住在一块吧。"

"好的，野鸡，"乌鸦回答。因此两个鸟儿住在一棵大树上。时间越久，彼此越关心。它们并没有由于熟识而彼此轻视，反而更加互相尊敬了。

别的鸟儿瞧着野鸡和乌鸦的交往，很感兴趣。两个鸟儿能在一块住那么长时间而不争吵，真是奇怪。有些鸟儿要来考验一下它们的友情。因此，这些鸟儿在乌鸦不在的时候去找野鸡说：

"野鸡，你为什么和没有用的乌鸦一块儿住呢?"

"你快别这样说，"野鸡回答，"乌鸦比我好得多，和它同住在一棵树上，我是很光荣的。"

第二天，趁野鸡不在的时候，鸟们又去找乌鸦说：

"乌鸦，为什么你和那个没用的野鸡住在一块呢?"

"你快别这样说，"乌鸦说，"野鸡比我好得多，和它同住在一棵树上，我是很光荣的。"

野鸡和乌鸦对待彼此的态度，深深地感动了群鸟。它们

小故事中的人生智慧

都说："为什么我们不能也像野鸡和乌鸦一样，不再吵闹下去呢?"从那天起，鸟儿和鸟儿就有了友情，也彼此尊敬了。

滴水
藏海

你待人过于苛责吗?你对人的批评多于赞美吗?责备和批评只会带来更大的怨怼和不满，而赞美与尊敬他人的力量是巨大的。学会接纳，并以宽广的心胸对待他人，你将得到更多的快乐。

丈夫不容忍抱怨连连的妻子

> 锅对壶说："走开! 你这黑脸的家伙。"
>
> ——塞万提斯

一个人的妻子喜欢妒忌别人，且客啬又喜欢吵架，他十分后悔娶个这样的妻子，但又无计可施。

这个女人对什么都不满意，没有一件事能如她的意，她不是嫌这个起得晚，就是说那个上床太早，说黑不是，说白也不行，要么又找出别的什么事来。奴仆都憋着一肚子火，

丈夫也忍无可忍。

"先生什么事都不管，先生花钱如流水，先生又要出去，先生总在家休息。"她整日里唠唠叨叨没个完，以至丈夫对家里这个丧门星实在没辙了，索性把她打发到乡下娘家那里去了。她在乡下安了家，和饲养火鸡的女仆菲莉、养猪的小娃天天待在一起。过了一段时间，丈夫想，妻子的脾气可能有所好转了，就去乡下把她接回城来。"哎，你在那里干些什么?你每天是如何过的?对乡下淳朴的民风习惯不习惯?"

"凑合吧，"妻子答道，"只是看到那里的人比家里的人更懒，我心里就犯堵，他们一点儿也不关心自家的牲畜，我没少给他们提意见。对于那些不把事情放在心上的人，我都得罪完了。"

"哎呀，太太，"丈夫生气地说，"假如你这样好惹是生非，连那傍晚才回家和你见面的人都认为你讨厌，那么那些整日看你对他们大发脾气的奴仆又如何生活下去呢?我这个整日与你相伴的丈夫又该如何是好?你还是回乡下去吧，除非在我有生之年有想接你回来的意愿，要不我们就甭想再在一起! 当然，为了惩罚我的罪过，说不定在我死后到了阴间，又遇上两个像你这样的女人时刻不离我的左右，那就糟了!"

滴水
藏海

喜欢抱怨的人，大部分是生活中的败将。

小故事中的人生智慧

他们勤于批评别人，却拙于检讨自己。

一碰到不如意的事，他们不懂得自省、自悟，却把不如意归咎于别人的过错。于是日积月累，他们自视越高，在生活上却失败得越惨！

一旦抱怨成了习惯，我们将成为一个睁眼的瞎子——目中无人，这时我们还有修身养性、百尺竿头更进一步的能力吗？

什么时候我们学会以谦虚、严格的态度来待人律己，我们才能深刻体悟人生。

别再抱怨，让我们随时以此警示自己，从今天起。

鸽子与蚂蚁的际遇

施予，然后你自己才能得到。

——《圣经》

一只鸽子在一条清澈的小溪边饮水，看见有只蚂蚁不慎踩空掉入了水中。对蚂蚁来说，小溪也是汪洋大海，它在水中拼命挣扎扑腾，想爬上岸去但不能如愿。鸽子见状友好地衔来一根草投入水中，蚂蚁因为爬上这块"绿洲"而得救了。

与此同时，一个光着脚的农民从溪边路过，手中正好拿着一张弓。他一眼看到鸽子，喜不自禁地认为有了一顿美

餐。当他搭弓上箭瞄准鸽子时，蚂蚁见状在他的脚后跟上狠狠咬了一口，在农民分神看脚之时，鸽子觉察到危险，扑闪着翅膀飞跑了，农民的美梦也泡了汤。

滴水
藏海

施比受更有福，要全心地赋予，无条件地舍弃自己以后，你才会得到比你舍弃的更多的回报。人必自辱而后人辱之，原谅别人，自己才会获得原谅。

你若做了施予之事，那么你得到的将会更多，因为别人将以双倍回报你。

无心的充满友善的举止行为，将获得不可预想的喜悦。

有些人工作非常出色。当被别人问及成功之道时，他们会自傲地说：

"我有我自己的一套处事方法，别人是学不来的，所以即使我们是同事，我也没办法告诉你们!"

这样的人迟早会被人们孤立，导致其工作效率降低，因为无人会向其伸出援手。

小故事中的人生智慧

火中取栗

受施慎勿忘。

——伊索

　　猴子和猫饥肠辘辘地在火炉旁垂涎地看着火中烧烤得香喷喷的栗子。狡猾的猴子就怂恿猫从火堆中捡出香栗共进晚餐。猫欣然答应，便冒着被烫伤的危险，把爪子探入火中。一连捡了三个却全被一旁的猴子吃光了。猫气急败坏，埋怨猴子坐享其成，自私自利。这时女佣人走了进来，猫和猴子吓得一溜烟儿逃掉了。

滴水
藏海

　　一个人为了别人的利益，而不惜冒险犯难，最后一定会吃亏。

　　如果凡事都不经过慎重考虑，而随便地相信他人，自己反而会遭到无妄之灾。所以对任何事情自己一定要先有缜密的思考，然后再伸出援手，方是利人利己之计。

被借出的驴

以诚待人者，人亦以诚而应；以术驭人者，人亦以术而待。

——程颐

"今天下午我能借您的驴用用吗?"一位农夫向毛拉请求。

"亲爱的朋友，"毛拉答道，"你知道，当你需要帮助时，我总是准备给你帮助的。我心里非常想把驴借给你——一个正派的人。我也很高兴看见你用我的驴把地里的庄稼驮回家。可太不巧了，我的驴已经被别人借走了。"

农夫为毛拉的真诚所感动，他感谢了毛拉的慷慨，他说："即使您不能借给我驴，您慷慨的言语已经帮了我很大的忙。愿真主与您同在，尊贵、慷慨、聪明的毛拉。"

可就在农夫向毛拉深深鞠躬告辞时，突然毛拉家的驴棚中传来一阵令人心惊胆战的驴叫。

农夫十分惊讶，怀疑地问："我听见了什么?您的驴不是在家吗?我好像听见了驴叫。"

毛拉脸红了，生气地喊道："你这忘恩负义的家伙，我告诉了你驴不在家，你到底相信谁，是我毛拉还是一头蠢得不能再蠢的驴？"

滴水
藏海

如果你比一头蠢得不能再蠢的驴还不可信，你又能怪谁呢？

在人生中，有些事必须得到别人的信赖才能实现。

如果能获得上司的信赖，心中难免会有万分感激，自然而然地产生"以认真工作回报上司"的想法。

魏征是唐高祖、唐太宗时的名相。可是在他40岁之前，只是一个毫无名气的小官。有一次，他毛遂自荐向太宗请求去铲除盘踞山东的残余乱党，由于得到太宗的信赖而立下了大功。从此之后，魏征就成为远近驰名的宰相了。由此可见对他人充分信任的重要性。

当自己得到别人的信任时，在感激知遇之下，无不竭尽所能全力以赴，以证明自己的确有真正的实力，最重要的是能骄傲地站在对你信任的人面前说："你的眼光是对的，我没有叫你失望！"

迷途时刻

没有互助，人类就不能生存。

——斯科特

有一个人在森林的东边迷路了。

他不断穿行、奔跑，就是找不到走出森林的路。

他走了几天几夜，最后颓然地坐在一棵朽坏的树干边哭泣。

突然，他听到一个声音：

"请问，要怎么样才能走出这座森林？"

原来，那是一位在森林西边迷路的人，走了几天几夜还是走不出去。

"真对不起，我无法为你指路，因为我也是迷路的人，但是如果我们两人商量一下，说不定能找到森林的出路。"

于是，两个迷路的人坐在一起商量，仔细分析了森林中的路径，很快就找到出路，走出了茫茫的森林。

滴水
藏海

想象一下，如果两个迷路的人没有相遇，他们也许就永

小故事中的人生智慧

远也走不出森林了。

　　一个人想在事业上成功，固然要靠自己的努力，但是，除了自己的努力之外，还需要与别人合作。一个人如果只知有己，眼中没有他人，那么他再努力也往往是徒劳的。正如那两个没有相遇时的迷路人一样。